Timm Lohmann

Elektronischer Transport in Graphen

Timm Lohmann

Elektronischer Transport in Graphen

Dirac-Fermionen im Zweidimensionalen

Südwestdeutscher Verlag für
Hochschulschriften

Imprint
Any brand names and product names mentioned in this book are subject to trademark, brand or patent protection and are trademarks or registered trademarks of their respective holders. The use of brand names, product names, common names, trade names, product descriptions etc. even without a particular marking in this work is in no way to be construed to mean that such names may be regarded as unrestricted in respect of trademark and brand protection legislation and could thus be used by anyone.

Publisher:
Südwestdeutscher Verlag für Hochschulschriften
is a trademark of
Dodo Books Indian Ocean Ltd., member of the OmniScriptum S.R.L Publishing group
str. A.Russo 15, of. 61, Chisinau-2068, Republic of Moldova Europe
Printed at: see last page
ISBN: 978-3-8381-2544-2

Zugl. / Approved by: Aachen, RWTH, Diss., 2010

Copyright © Timm Lohmann
Copyright © 2011 Dodo Books Indian Ocean Ltd., member of the OmniScriptum S.R.L Publishing group

Inhaltsverzeichnis

Einleitung   **9**

1 Theoretische Grundlagen   **15**
    1.1 Zweidimensionale Elektronensysteme 15
    1.2 Kohlenstoffmodifikationen 16
    1.3 Zweidimensionale Kristalle 19
    1.4 Kristallstruktur von Graphen 20
    1.5 Bandstruktur von Graphen 22
    1.6 Masselose Dirac-Fermionen 24
        1.6.1 Tunneln und elektrostatischer Einschluss 26
        1.6.2 Fermi-Geschwindigkeit 27
        1.6.3 Zustandsdichte 28
        1.6.4 Landau-Spektrum 28
        1.6.5 Zyklotronmasse und Zyklotronfrequenz 29

2 Probenpräparation   **31**
    2.1 Verfahren zur Graphenherstellung 31
        2.1.1 Verfahren I: Epitaktisches Wachstum 31
        2.1.2 Verfahren II: "Micromechanical Cleavage" 32
        2.1.3 Alternative Verfahren 35
    2.2 Identifizierung von Graphenmonolagen 36
        2.2.1 Optische Mikroskopie 36
        2.2.2 Raman-Spektroskopie 40
    2.3 Herstellung von Graphentransistoren (GFETs) 42
        2.3.1 Strukturierung definierter Geometrien 42
        2.3.2 Kontaktierung mittels Elektronenstrahllithographie 44
        2.3.3 Einfluss verschiedener Graphite auf die GFET-Charakteristik 47

3 Elektronischer Transport in Graphen   **51**
    3.1 Bipolarer Feldeffekt in Graphenmonolagen 51

3.2 Nachweis von Ladungsfluktuationen am Dirac-Punkt 53
3.3 Ladungsträgermobilität, "Minimal conductivity" und Störstellen 59

4 Einfluss von Adsorbaten auf reale Graphenproben   **63**
4.1 Modell der Adsorption auf Graphen 63
4.2 Dipolare Adsorbate I: H_2O 66
4.3 Manipulation der intrinsischen Eigenschaften 70
4.4 Probenspezifische Effekte 74

5 Chemische Dotierung   **79**
5.1 Einfluss der Gase N_2, O_2, Ar, He 79
5.2 Dipolare Adsorbate II: NH_3 82
5.3 Asymmetrie der Elektronen- und Lochbeweglichkeit 85

6 Künstliche Defekte   **89**
6.1 Elektronenstrahlerzeugung künstlicher Defekte 89
6.2 Transport in Graphen mit künstlichen Defekten 92
6.3 Metall-Isolator Übergang in 1D-Liniengittern 98

7 Magnetotransport in Graphen   **109**
7.1 Halleffekt in Graphen 109
7.2 Shubnikov-de Haas Oszillationen in Graphen 111
7.3 Integraler Quantenhalleffekt in Graphen 114

8 Graphen pn-Übergänge   **121**
8.1 Erzeugung von Graphen pn-Übergängen 121
8.2 Graphen p-n Übergänge im Magnetfeld 125

9 Graphen pn-Arrays   **133**
9.1 GFETs mit periodisch strukturiertem Topgate 133
9.2 Leitfähigkeit von Graphen pp/nn/pn-Arrays 135
9.3 Transmission von Dirac-Fermionen durch ein pnp/npn-Array 143

Zusammenfassung und Ausblick   **153**

Anhang   **157**

Symbole und Abkürzungen

Symbole

a	Gitterkonstante (Å)
$\vec{a}$	Vektor im Realraum
$\vec{A}$	Vektorpotential
A_c	Fläche der Elementarzelle (Å^2)
α	Feinstrukturkonstante ($e^2/\hbar c \approx 1/137$)
$\vec{b}$	Vektor im reziproken Raum
$\vec{B}$	Magnetfeld (T)
B_s	kritisches Magnetfeld (T)
c	Lichtgeschwindigkeit ($2{,}998 \cdot 10^8$ m/s)
C	Kapazität (F)
$\tilde{C}$	Kontrast (a.u.)
γ	Hopping-Energie, nächste Nachbarn (eV)
γ'	Hopping-Energie, übernächste Nachbarn (eV)
d	Abstand oder Dicke allgemein (m)
d_{cc}	C-C Bindungslänge (Å)
ds	parametrisierte Trajektorie
D	Dimension
$D(E)$	Zustandsdichte
Δn	Ladungsträgerdichtedifferenz (cm^{-2})
ΔQ	Ladungsdifferenz bzw. -transfer (C)
ΔU	Spannungsdifferenz (V)
ΔV	Potentialdifferenz (eV)
e	Elementarladung ($1{,}602 \cdot 10^{-19}$ C)
E	Energie (eV)
$\vec{E}$	elektrisches Feld (V/m)
E_a	Adsorptionsenergie, Aktivierungsenergie (eV)
E_n	Energie im n-Gebiet (eV)

Symbole und Abkürzungen

E_p	Energie im p-Gebiet (eV)
E_F	Fermi-Energie (eV)
$\vec{E}_H$	Hall-Feld (V/m)
E_{LL}	Energie eines Landau-Niveaus (eV)
ϵ_0	Vakuum-Dielektrizitätskonstante $(8{,}854 \cdot 10^{-12}\,\text{As/Vm})$
ϵ_r	materialspezifische Dielektrizitätskonstante
$\vec{F}_L$	Lorentz-Kraft (N)
g	Entartungsgrad (2 für Spin, 4 für Spin und Valley)
G	elektrische Leitfähigkeit (S)
G_0	minimale Leitfähigkeit (S)
G_{EZ}	Leitfähigkeit der "Elementarzelle" eines pnpn-Arrays (S)
h	Planck-Konstante $(6{,}626 \cdot 10^{-34}\,\text{Js})$
$\hbar$	$h/2\pi$ $(1{,}054 \cdot 10^{-34}\,\text{Js})$
H	Höhe (m)
I	elektrischer Strom (A)
I_{SD}	"source-drain"-Strom (nA)
i	imaginäre Einheit
J	Transmissionskoeffizient
θ	Winkel
$\vec{k}$	Wellenvektor
k_B	Boltzmann-Konstante $(1{,}381 \cdot 10^{-23}\,\text{J/K})$
$\vec{k}_F$	Fermi-Wellenvektor
κ	Kompressibilität des 2DES
l	Probenlänge, Länge allgemein (m)
l_B	magnetische Länge (m)
l_c	Lokalisierungslänge (nm)
l_{mfp}	mittlere freie Weglänge (nm)
l_ϕ	Phasenkohärenzlänge (nm)
λ	Wellenlänge (nm)
m	Masse (kg)
$\tilde{m}$	effektive Masse (kg)
m_0	Elektronenruhemasse $(9{,}109 \cdot 10^{-31}\,\text{kg})$
m_c	Zyklotronmasse (kg)
μ	Ladungsträgerbeweglichkeit (cm^2/Vs)
μ_c, μ_1, μ_2	Chemisches Potential (eV)
μ_{elc}	Elektrochemisches Potential (eV)
n	2D Ladungsträgerdichte (cm^{-2})

$\tilde{n}$	Brechungsindex
n_{BG}	backgate-induzierte Dichte (cm^{-2})
n_i	intrinsische Dotierung (cm^{-2})
n_{mod}	Modulationsamplitude (cm^{-2})
N	Landau-Niveauindex
ν	Füllfaktor
$\bar{\nu}$	Raman-Verschiebung (cm^{-1})
ξ	Intensität (a. u.)
p	Druck (mbar)
P	Wahrscheinlichkeit
$\vec{q}$	Wellenvektor
Q	elektrische Ladung (C)
r	Reflektivität
R	elektrischer Widerstand (Ω)
R_b, R_a	Widerstand vor bzw. nach Äquilibrierung (Ω)
R_c	Zyklotronradius (nm)
ρ	2D spezifischer elektrischer Widerstand (Ω)
$\vec{S}$	umschlossene Fläche (m^2)
σ	2D spezifische elektrische Leitfähigkeit (S)
σ_{min}	"minimal conductivity" (S)
t	Zeit (s)
T	Temperatur (K)
U	elektrische Spannung (V)
U_{BG}	Backgate-Spannung (V)
U_{TG}	Topgate-Spannung (V)
$[U_l, U_h]$	Spannungsintervall (V)
$[U_l, U_h]_{BG}$	Spannungsintervall Backgate (V)
U_l, U_h	untere/obere Spannungsgrenze (V)
$\vec{v}$	Fermi-Geschwindigkeit (m/s)
$v_{BG} = \frac{dU_{BG}}{dt}$	Sweep-Geschwindigkeit (V/s)
$\vec{v}_{eff}$	effektive Fermi-Geschwindigkeit (m/s)
V	Potential (eV)
Φ	Phase
Φ_0	Magnetisches Flussquant h/e (4,141·10^{-15} J/A)
Φ_{el}	Elektrostatisches Potential (V)
w	Probenbreite, Breite allgemein (m)
x, y, z	Raumrichtungen

Symbole und Abkürzungen

χ	Modenzahl
ω	Kreisfrequenz (Hz)
ω_c	Zyklotronfrequenz (Hz)

Abkürzungen

1D, 2D, 3D	ein-, zwei, dreidimensional
2DES	zweidimensionales Elektronensystem
AFM	Atomic Force Microscope
ARPES	Angle Resolved Photo Emission Spectroscopy
ARUPS	Angle Resolved Ultraviolet Photoelectron Spectroscopy
BZ	Brillouin-Zone
CNT(s)	Carbon Nano Tube(s)
DFT	Dichtefunktionaltheorie
DP	Dirac-Punkt
e^-	Elektron
EBL	Electron Beam Lithography
FE	Feldeffekt
FET	Feldeffekttransistor
FIB	Focused Ion Beam
FQHE	fraktionaler Quantenhalleffekt
GFET	Graphenfeldeffekttransistor
Γ	Zentrum der Brillouin-Zone
h^+	Defektelektron (Loch)
HOMO	Highest Occupied Molecular Orbital
HOPG	Highly Oriented Pyrolytic Graphite
IPA	Isopropanol
K	K-Punkt: Eckpunkt der Brillouin-Zone
l-He	Flüssig-Helium-Bedingungen
LUMO	Lowest Unoccupied Molecular Orbital
M	M-Punkt: Symmetriepunkt der Brillouin-Zone
MIBK	Isobutylmethylketon
MOSFET	Metal Oxide Semiconductor Field Effect Transistor
NMP	n-Methylpyrrolidon
PMMA	Polymethylmetacrylat
QHE	Quantenhalleffekt
Raman	Raman-Spektroskopie
RRN	Random Resistor Network
RT	Raumtemperatur
SdH	Shubnikov-de Haas
SEM	Scanning Electron Microscope

Symbole und Abkürzungen

SIMS	Secondary Ion Mass Spectroscopy
SSET	Scanning Single Electron Transistor
STM	Scanning Tunneling Microscope
TEM	Transmission Electron Microscope
UHV	Ultrahochvakuum

Einleitung

2004 wurde an der Universität Manchester, in der Gruppe von A. Geim, ein neues zweidimensionales System isoliert [1, 2], dessen Eigenschaften seit den 1950er Jahren theoretisch intensiv untersucht wurden (s. z. B. [3]). Hierbei handelt es sich um einen monoatomaren Kohlenstofffilm mit einer Schichtdicke von 3,35 Å, das sogenannte Graphen. Graphen ist der erste zweidimensionale Kristall, welcher experimentell erzeugt werden konnte[1]. Bis zum Zeitpunkt der Entdeckung wurde in mehreren Arbeiten theoretisch vorhergesagt, dass zweidimensionale Kristalle bei endlicher Temperatur $T > 0$ grundsätzlich nicht stabil sein können (Mermin-Wagner-Theorem [4]). So ergibt die Berechnung von Gitterschwingungen in harmonischer Näherung divergierende Auslenkungsamplituden für zweidimensionale Kristalle. D. h. für jede Temperatur oberhalb des absoluten Nullpunktes wäre die Auslenkung eines Gitteratoms aus seiner Gleichgewichtslage größer als der interatomare Abstand und der Kristall würde zerfallen [5, 6]. Die Problematik kann theoretisch gelöst werden, wenn Kopplungen höherer Ordnung mit berücksichtigt werden, welche den Kristall stabilisieren [7, 8]. Diese Stabilisierung zeigt sich bei endlicher Temperatur in Form einer gewellten Oberflächenstruktur des zweidimensionalen Kristalls. Letztere konnte 2007 experimentell mittels Elektronenbeugung an freihängendem Graphen nachgewiesen werden [9].

Nicht nur der reine Nachweis seiner Existenz, sondern auch zahlreiche theoretische Arbeiten [10–16] erzeugten zunehmendes Interesse an den exotischen elektronischen Eigenschaften von Graphen. So führt die lineare Bandstruktur zu Ladungsträgern mit verschwindender effektiver Masse, welche ein quasi-relativistisches Verhalten zeigen, wobei die Fermi-Geschwindigkeit von $\approx 3 \cdot 10^6$ m/s die Rolle einer effektiven Lichtgeschwindigkeit spielt. Dies erfordert eine theoretische Beschreibung durch die Dirac-Gleichung und erlaubt daher viele Analogien zur Quantenelektrodynamik, welche sich in Graphen, bei experimentell leicht erreichbaren Energien von wenigen eV, prinzipiell untersuchen lassen sollten. Beispiele sind das "Klein-Paradoxon" [10, 11, 17] und die "Zitterbewegung" [18–20]: Das "Klein-Paradoxon" sagt für die Transmission eines relativistischen Teilchens durch eine Potentialbarriere eine Wahrscheinlichkeit von 100% vorher, unabhängig von der Barrierenhöhe und -breite. Es basiert auf der Bildung von Zuständen negativer Energie in der Barriere und sollte in Graphen an einer elektrostatischen Potentialbarriere bspw. einem pn-Übergang experimentell überprüfbar sein.

---

[1] Neben Graphen konnten auch andere Materialien als zweidimensionale Kristalle aus den entsprechenden Schichtkristallen isoliert werden, darunter MoS_2 sowie der Hochtemperatursupraleiter BiSrCaCuO.

Einleitung

Die "Zitterbewegung" ist die Schwingung eines relativistischen Teilchens um seine mittlere Position. Sie entsteht durch Interferenz von Zuständen positiver und negativer Energie und wurde theoretisch von Schrödinger [21] vorhergesagt. Ihre Wellenlänge liegt im Bereich von Gamma-Strahlung, da die Energielücke zwischen positronischen und elektronischen Zuständen von der Ruhemasse des Elektrons abhängt und damit sehr groß ist. Aufgrund der fehlenden Bandlücke in Graphen müsste die Energielücke zwischen Zuständen negativer und positiver Energie in diesem System verschwinden und daher die Frequenz der Zitterbewegung viel niedriger liegen, was einen Nachweis erleichtern würde. Die Zitterbewegung in Graphen gehört aus experimenteller Sicht momentan noch in den Bereich der Spekulation und dient lediglich der Veranschaulichung, wie weit einige Effekte der Graphenphysik führen könnten und weshalb sich in den letzten Jahren ein regelrechter "Hype" um dieses Material entwickelt hat. Der experimentelle Nachweis des "Klein-Paradoxons" bzw. des "Klein-Tunnelns" an Potentialbarrieren liegt dagegen eher im Bereich des Möglichen. Erste Anzeichen für "Klein-Tunneln" in Graphen konnten anhand von Quanteninterferenzen in sehr schmalen ($<10\,$nm) Potentialbarrieren beobachtet werden [22, 23]. Im letzten Kapitel dieser Arbeit, Kapitel 9, wird eine charakteristische Dichteabhängigkeit der Leitfähigkeit an Vielfach-npn-Übergängen beobachtet, wie sie theoretisch bereits vorhergesagt wurde [12].

Neben den Bestrebungen, schwer zugängliche Phänomene aus der Teilchen- und Hochenergiephysik auf die experimentelle Festkörperphysik zu übertragen, profitiert das Feld der zweidimensionalen Elektronensysteme von Graphen, da es sich dabei um ein zweidimensionales Elektronensystem handelt, welches frei zugänglich ist statt an der inneren Grenzfläche eines Volumenkristalls (bspw. AlGaAs/GaAs) gebildet zu werden. Im Vergleich zu InAs oder Elektronen auf Heliumoberflächen, die auch freie zweidimensionale Elektronensysteme darstellen, ist Graphen sehr stabil und kann sogar zwischen verschiedenen Substraten transferiert werden [24]. Somit ist es viel einfacher, spektroskopische Methoden mit elektrischen Transportuntersuchungen zu kombinieren. Die Beobachtung eines unkonventionellen ganzzahligen Quantenhalleffekts [25], welcher auf der speziellen Quantisierung des Landauspektrums in Graphen basiert [26], erbrachte den Nachweis, dass Graphen ein zweidimensionales Elektronensystem ist, welches die Anforderungen hinsichtlich Zweidimensionalität und elektronischer Qualität grundsätzlich erfüllt. 2007 konnte der Quantenhalleffekt bei 29 T und 300 K gemessen werden [27], was aufgrund der sehr großen Zyklotronenergie in Graphen möglich ist. Um mit AlGaAs/GaAs-basierten Systemen hinsichtlich Ladungsträgermobilität und Reproduzierbarkeit konkurrieren zu können, ist allerdings noch viel Arbeit erforderlich, Streumechanismen, Dotierung, den Einfluss der Ränder sowie grundlegende physikalische Eigenschaften dieses neuen Systems besser zu verstehen und Wege zu immer besserer Probenqualität zu finden.

Die Aussicht auf den Zugang zu Analogien exotischer Phänomene, welche bisher der Hochenergiephysik vorbehalten waren, hat Graphen in kürzester Zeit zu einem dynamischen Gebiet in der Festkörper- und Materialforschung werden lassen, welches innerhalb von wenigen Jahren mehrere tausend Veröffentlichungen hervorgebracht hat. Darüber hinaus gibt es bereits mögliche praktische

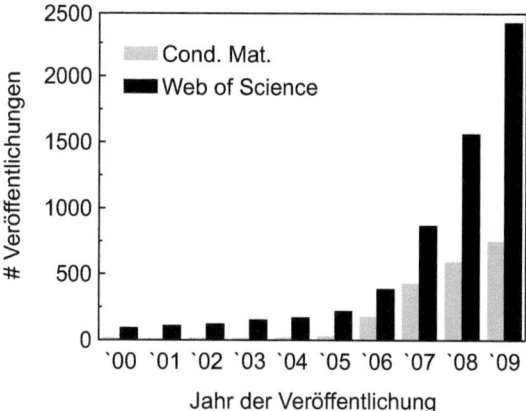

Abbildung 0.1: Entwicklung der Anzahl von Publikationen zum Thema Graphen von 2000 bis 2009. Rot dargestellt ist die Anzahl für preprints aus dem Bereich kondensierte Materie. Die grünen Balken repräsentieren alle Veröffentlichungen in regulären Zeitschriften aus allen Fachgebieten des "Web of Science". Der "Hype" beginnt ab dem Herbst 2004, dem Jahr der initialen experimentellen Veröffentlichung von Novoselov et al. [1].

Anwendungen, welche die Besonderheiten von Graphen ausnutzen könnten. Beispiele sind: (I) Wegen der stabilen Kohlenstoffbindung (Bindungsenergie: 524 kJ/mol [28]) besitzt Graphen eine hohe mechanische Stabilität, hohe Wärmeleitfähigkeit sowie eine große Stromtragfähigkeit ($1{,}5 \cdot 10^9 \mathrm{Acm}^{-2}$). Diese Eigenschaften könnten im Bereich der Höchstintegration zur Lösung gängiger Probleme wie Elektromigration in Interconnects oder zur Verbesserung des Wärmetransports in Bauelementen beitragen. (II) Chemische Sensoren, mit Graphen als aktivem Material, könnten Empfindlichkeiten erreichen, welche die Auflösung einzelner Moleküle ermöglichen [29]. (III) Die Spinelektronik und die damit verbundene Aussicht auf die Erzeugung von Qubits für das Quantencomputing, könnte von Graphen profitieren [30–33], da die Spin-Bahn-Wechselwirkung äußerst schwach ist und Spinkohärenzlängen in Graphen daher sehr lang sind. (IV) Aufgrund seiner Transparenz bei gleichzeitig guter elektrischer Leitfähigkeit sind auch Anwendungen als Elektrodenmaterial für Displays oder Solarzellen denkbar. (V) In der Oberflächen- und Elektrochemie könnten die katalytischen Eigenschaften von Graphen eine große Rolle spielen, inbesondere für neuartige Energiespeicher und Brennstoffzellen.

Zahlreiche Institutionen weltweit richten Sonderforschungsbereiche bzw. eigene Institute ein, welche sich ausschließlich der Graphenforschung widmen sollen. Letztlich wird die reproduzierbare Herstellung von großflächigen Graphenproben hoher Qualität und die Beherrschung ihrer Eigenschaften darüber entscheiden, ob neue Physik und/oder neuartige Technologien aus Graphen entstehen werden.

Einleitung

Die vorliegende Arbeit soll einen Beitrag leisten, einige intrinsische Eigenschaften des Graphens im Bereich des mesoskopischen Transportes besser zu verstehen. Sie hat den folgenden Aufbau: Nach kurzen Einführungen über zweidimensionale Elektronensysteme, die bekannten Kohlenstoffmodifikationen sowie zweidimensionale Kristalle, werden in Kapitel 1 die besonderen Eigenschaften der Kristallstruktur und Bandstruktur von Graphen erläutert. Aus der Bandstruktur, im Grenzfall kleiner Energien, werden die für Graphen charakteristischen masselosen Dirac-Fermionen abgeleitet. Abschließend werden wichtige Größen und Effekte, wie der Tunnelprozess, die Fermi-Geschwindigkeit, die Zustandsdichte, das Landau-Spektrum, die Zyklotronmasse sowie die Zyklotronfrequenz, für Dirac-Fermionen in Graphen und Elektronen in konventionellen zweidimensionalen Elektronensystemen gegenüber gestellt.

Kapitel 2 behandelt die Entwicklung und Optimierung eines Prozesses, welcher die reproduzierbare Herstellung von Transportproben (Graphentransistoren) ermöglicht. Das Grundprinzip der Herstellung von Graphenmonolagen aus Graphit geht auf die Arbeit von Novoselov et al. [2] zurück, welche als Ausgangspunkt verwendet wird. Geeignete Monolagen für die Prozessierung werden nach der Herstellung mit optischer Mikroskopie und Raman-Spektroskopie identifiziert. Die elektrische Kontaktierung mittels Elektronenstrahllithographie ist ein Standardprozess, dessen Parameter für Graphen optimiert werden müssen, so dass ohmsche Kontakte mit niedrigem Widerstand hergestellt werden können. Kritische Aspekte sind die vollständige Entfernung von Klebresten nach der Graphenherstellung sowie von Lackresten aus der Lithographie. Diese stellen Kontaminationen dar, welche die Probenqualität und die Kontaktwiderstände negativ beeinflussen können. Ein Reinigungsplasma, wie es bei der Prozessierung von Heterostrukturen und anderen Halbleitermaterialien zur Entfernung von Kontaminationen üblich ist, kann für Graphen nicht angewendet werden, da die Monolage im Plasma verbrennt. Hier müssen demnach Alternativen gefunden werden. Weiterhin ist eine definierte Geometrie (Hallbar) bzw. Berandung für eine Transportprobe wünschenswert, da die Monolagen aufgrund des Abspaltvorgangs während der Herstellung unregelmäßig geformt sind. Die definierte Geometrie ist erforderlich, um eine exakte Umrechnung zwischen der Probenleitfähigkeit und der spezifischen Leitfähigkeit durchführen zu können, was für die Vergleichbarkeit von Messungen und bspw. für die Bestimmung der Ladungsträgermobilität wichtig ist. Zudem können verformte bzw. gefaltete Ränder bei Messungen im Magnetfeld zu parasitären Effekten führen. Aus den in der Halbleitertechnik gängigen Ätzverfahren zur Probenstrukturierung ist daher eine Methode zu kombinieren, welche die gewünschte Geometrie in entsprechender Auflösung erzeugt und gleichzeitig die Schädigung und Kontamination der Graphenmonolage so klein wie möglich hält. Mit einem stabilen Prozess, welcher kontaktierte und strukturierte Graphenfeldeffekttransistoren liefert, können verschiedene Graphite getestet werden, um das optimale Ausgangsmaterial hinsichtlich Probenqualität und -ausbeute zu finden. Mit einem solchen optimierten Prozess kann die Untersuchung der intrinsischen Eigenschaften von Graphenmonolagen beginnen.

Einleitung

Die Kapitel 3-6 behandeln experimentelle Fragestellungen, die sich auf die Feldeffektcharakteristik von Graphen ohne Magnetfeld beziehen. Graphen besitzt eine endliche Leitfähigkeit bei verschwindender mittlerer Ladungsträgerdichte. Die mesoskopische Ursache für diese so genannte "minimal conductivity" wird in Kapitel 3 diskutiert und der experimentelle Nachweis von Ladungsfluktuationen am Dirac-Punkt erläutert. Einen Schwerpunkt in Kapitel 4 bildet die Untersuchung von Effekten, die auf schwach gebundene ($E \approx 40\,\text{meV}$) molekulare Adsorbate zurückzuführen sind, welche während der Prozessierung und aus der Umgebung auf der Graphenmonolage adsorbieren. Die Adsorbate können an der Graphenoberfläche oder zwischen Graphen und Substrat sitzen, sowie an ungesättigten Bindungen am Rand der Flocke. In diesem Zusammenhang wird die intrinsische p-Dotierung untersucht, welche frisch präparierte Proben fast immer aufweisen und Methoden abgeleitet, um die Dotierung und damit die Kontamination der Monolagen zu reduzieren. Wasser spielt eine besondere Rolle bei den Adsorbaten, da es in der Umgebung stets vorhanden ist und neben p-dotierenden Akzeptoreigenschaften zudem ein Dipolmoment besitzt. Dies wird als Ursache für eine gate-spannungsabhängige Hysterese im Feldeffekt bestätigt, welche auf der Polarisierung der Dipole durch das elektrische Feld des Gates beruht und neben der p-Dotierung häufig beobachtet wird.

In Kapitel 5 wird ein Verfahren zur gezielten chemischen Dotierung mittels Ammoniak beschrieben. Dadurch ist es möglich, zu untersuchen, welchen Einfluss die Art des Adsorbates hat. Eine aufgrund der symmetrischen Bandstruktur von Graphen nicht erklärbare Asymmetrie zwischen Elektronen- und Lochleitung, die sich durch eine asymmetrische Verkippung der Leitfähigkeitskurve im Feldeffekt zeigt, kann ebenfalls mit der Anwesenheit molekularer Adsorbate in Verbindung gebracht werden. Die Lage der Asymmetrie hängt dabei von der Art des dominierenden Adsorbates ab, was durch gezielte Ammoniakdotierung gezeigt werden kann.

Während in den Kapiteln 3-5 schwach gebundene Adsorbate untersucht werden, welche die Transporteigenschaften von Graphen, vor allem die Asymmetrie zwischen Elektronen- und Lochleitung, die intrinsische Dotierung sowie die "minimal conductivity" signifikant beeinflussen, behandelt Kapitel 6 stark gebundene Adsorbate bzw. kurzreichweitige Störstellen. Schwach gebundene Adsorbate stellen langreichweitige Coulomb-Störstellen dar, die keine Inter-Valley-Streuung bewirken und daher bspw. die Ladungsträgermobilität wenig beeinflussen. In diesem Kapitel geht es um die Erzeugung künstlicher kurzreichweitiger Störstellen mittels Elektronenbestrahlung. Diese Störstellen führen zu Inter-Valley-Streuung und bewirken u. a. eine reduzierte Ladungsträgerbeweglichkeit sowie andere Phänomene, welche in Graphen normalerweise unterdrückt sind. Dazu gehören schwache Lokalisierung sowie "Universal Conductance Fluctuations" aufgrund kohärenter Rückstreuung. Für sehr starke Störstellenkonzentrationen wird ein Metall-Isolatorübergang beobachtet, welcher auf eine veränderte Gittersymmetrie hinweist.

In den abschließenden Kapiteln 7-9 wird der elektronische Transport im Magnetfeld untersucht. Die Erkenntnisse aus den vorangegangenen Kapiteln werden nun angewendet, um die Probenqualität

Einleitung

hinsichtlich intrinsischer Dotierung, Mobilität sowie Elektronen- und Lochsymmetrie zu verbessern. Somit treten weniger parasitäre Effekte auf bzw. können deren Charakteristika bei der Interpretation der hier durchgeführten Experimente berücksichtigt werden. In Kapitel 7 wird der Halleffekt und der Quantenhalleffekt in Graphenmonolagen betrachtet, um die Resultate von Novoselov et al. [25] zu reproduzieren. Die Messungen belegen die gute Probenqualität, welche durch die Erfahrungen aus den Kapiteln 3-6 nun herstellbar ist. Die letzten beiden Kapitel 8 und 9 behandeln Graphen pn-Übergänge. Diese sind ein interessantes System, um die Besonderheiten des Ladungsträgerverhaltens, insbesondere jenes an einer Potentialstufe, genauer zu studieren.

Kapitel 8 behandelt einfache pn-Übergänge, welche nach dem in Kapitel 5 entwickelten Verfahren durch chemisches Dotieren erzeugt werden. Hierbei stehen Experimente im Magnetfeld zur Untersuchung von Randkanaläquilibrierung im QHE-Regime im Vordergrund. Im abschließenden Kapitel 9 werden Experimente mit Graphenfeldeffekttransistoren diskutiert, die ein nanostrukturiertes Topgate besitzen, welches die Erzeugung eines periodisch modulierten Potentials mit typischen Dimensionen von 100 nm erlaubt. Aufgrund des Feldeffekts lässt sich in der Graphenmonolage damit eine periodisch veränderliche Ladungsträgerdichte erzeugen und diverse Phänomene im Zusammenhang mit geladenen Störstellen bzw. künstlichen coulombartigen eindimensionalen Gittern studieren. Darüber hinaus lassen sich mit dem Topgate Vielfach-pn-Übergänge erzeugen und theoretische Vorhersagen zur Leitfähigkeit ballistischer npn/pnp-Übergänge testen.

1 Theoretische Grundlagen

In diesem Kapitel werden die wesentlichen Eigenschaften von Graphen zusammengestellt. Ausgehend von einer kurzen Darstellung der Merkmale konventioneller zweidimensionaler Elektronensysteme (2DES) und ihrer Bedeutung für die Festkörperforschung in den letzten Jahrzehnten, wird Graphen als neuartiges 2DES eingeführt. Die Diskussion der bekannten Kohlenstoffmodifikationen im zweiten Abschnitt führt über eine vertiefte Beschreibung der Eigenschaften von Graphit zu Graphen. Im dritten Abschnitt werden kristalltheoretische Argumente angeführt, welche die Problematik verdeutlichen, die Existenz zweidimensionaler Kristalle wie Graphen zu erklären. In den letzten drei Abschnitten werden die Kristallstruktur sowie die Bandstruktur von Graphen erläutert und aus dieser, im Grenzfall kleiner Energien, die für Graphen charakteristischen masselosen Dirac-Fermionen abgeleitet. Abschließend werden wichtige Größen der Festkörperphysik für masselose Dirac-Fermionen und Elektronen "konventioneller" 2DES gegenüber gestellt.

1.1 Zweidimensionale Elektronensysteme

2DES [34] sind seit über 30 Jahren Gegenstand intensiver Forschung. Ein 2DES bildet sich z.B. in Si-MOSFETs oder in AlGaAs/GaAs-Heterostrukturen an einer inneren Grenzfläche zwischen zwei Materialien mit unterschiedlicher Bandlücke. Im Wesentlichen aufgrund von Raumladungseffekten entsteht ein Einschlusspotential, welches die Bewegung der Elektronen auf die xy-Ebene beschränkt. In z-Richtung tritt Quantisierung auf, die zur Ausbildung von Subbändern mit konstanter Zustandsdichte führt. Für den Fall, dass nur das unterste Subband besetzt ist, spricht man vom eigentlichen 2DES mit frei beweglichen Elektronen in x- und y-Richtung. Die Ladungsträgerbeweglichkeiten im 2DES können in AlGaAs/GaAs-basierten Heterostrukturen Werte von über $3 \cdot 10^7 cm^2/Vs$ erreichen. Dies ist auf extrem kleine Defektdichten zurückzuführen, welche aus der fast perfekten Anpassung der Gitterkonstanten von AlGaAs und GaAs resultieren, sowie der geschickten räumlichen Separation der Dotieratome vom 2DES mittels einer so genannten Spacer-Schicht. Letztere vermindert Streuung an den positiv geladenen Donatorrümpfen. Die zunehmende Probenqualität bzw. Ladungsträgerbeweglichkeit hat die Entdeckung fundamentaler Effekte in 2DES vorangetrieben. In Si-MOSFETs wurde 1980 der quantisierte Halleffekt entdeckt [35]. Später der fraktionale Quantenhalleffekt in AlGaAs/GaAs-Heterostrukturen [36]. Gegenstand heutiger Forschung sind bspw. Systeme von Dop-

1 Theoretische Grundlagen

pelheterostrukturen [37, 38] zur Untersuchung der Wechselwirkung zweier 2DES. In solchen Systemen kann die Bildung von Exzitonen (ganzzahliger Spin, Bose-Einstein-Kondensation) und das Tunneln zwischen den 2DES direkt im elektrischen Transport untersucht werden [39, 40].
Die Klasse der 2DES wurde 2004 mit der Entdeckung eines neuen Systems, Graphen, durch Novoselov et al. [1] erweitert. Graphen ist eine monoatomare Kohlenstoffschicht und das erste "freie" 2DES. Damit ist gemeint, dass keine innere Grenzfläche in einem Kristallvolumen (Bulk) erforderlich ist, um das 2DES zu erzeugen, wie im Falle der Si-MOSFETs und AlGaAs/GaAs-Heterostrukturen[1]. Da es sich bei Graphen um einen zweidimensionalen Kristall handelt, ist der quantenmechanische Einschluss in z-Richtung eine intrinsische Eigenschaft. Es ist ein Material mit einer Reihe außergewöhnlicher Eigenschaften, deren Grundlagen in den folgenden Abschnitten näher erläutert werden.

1.2 Kohlenstoffmodifikationen

Kohlenstoff ist ein Element aus der vierten Hauptgruppe des Periodensystems mit der Ordnungszahl 6, welches aufgrund seiner Elektronenkonfiguration, $1s^22s^22p^2$, vier Valenzelektronen besitzt. Die Eigenschaft durch Hybridisierung neben vier Bindungen (sp^3-Hybridisierung) auch drei (sp^2) und zwei Bindungen (sp) zu realisieren macht Kohlenstoff zu einem Element, das äußerst komplexe Verbindungen (Proteine, Enzyme...) bilden kann [42, 43]. Daher ist Kohlenstoff der Hauptbaustein aller bekannten belebten Materie. Auch in der Festkörper- und Materialforschung wurden neben den in der Natur vorkommenden kristallinen Modifikationen, Diamant und Graphit (Abbildung 1.1a, b) sowie amorphem Ruß (nicht abgebildet), weitere Kohlenstoffmodifikationen entdeckt: Kohlenstoffnanoröhren (CNTs) [44] (Abbildung 1.1c) und Fullerene [45, 46] (Abbildung 1.1d). Charakteristische Größe dieser Modifikationen ist ihre Dimensionalität. Fullerene sind sphärische Makromoleküle, deren prominentester Vertreter, das C_{60} ("Fußballmolekül"), aus 60 Kohlenstoffatomen besteht. Die physikalischen Eigenschaften von Fullerenen haben nulldimensionalen Charakter, was sich bspw. in der Existenz diskreter Zustände zeigt. CNTs können bei einem Durchmesser von wenigen Nanometern mehrere Millimeter lang sein [47]. Das resultierende Aspektverhältnis von $\approx 10^6$ führt, zusammen mit dem geringen Durchmesser, zu eindimensionalen physikalischen Eigenschaften (z.B. Zustandsdichte $D(E) \sim 1/\sqrt{E}$). Diamant, Graphit und Ruß sind dagegen dreidimensionale Festkörper.
Zur Vollständigkeit fehlt nur noch eine zweidimensionale Modifikation, das Graphen. Graphen hat eine Sonderstellung unter den Kohlenstoffmodifikationen, denn es bildet die Grundeinheit von Fullerenen, CNTs und Graphit. So lassen sich alle drei Modifikationen durch geeignete Verknüpfung bzw.

---

[1]Genaugenommen gab es in der Vergangenheit bereits 2DES, welche frei zugänglich waren. InAs bildet bspw. ein 2DES an seiner äußeren Grenzfläche und Experimente mit Elektronen auf der Oberfläche von flüssigem ^{4}He sind lange bekannt [41]. Graphen ist allerdings wirklich frei und stabil, so dass es sogar zwischen Substraten transferiert werden kann [24], ohne seine Eigenschaften zu verlieren.

1.2 Kohlenstoffmodifikationen

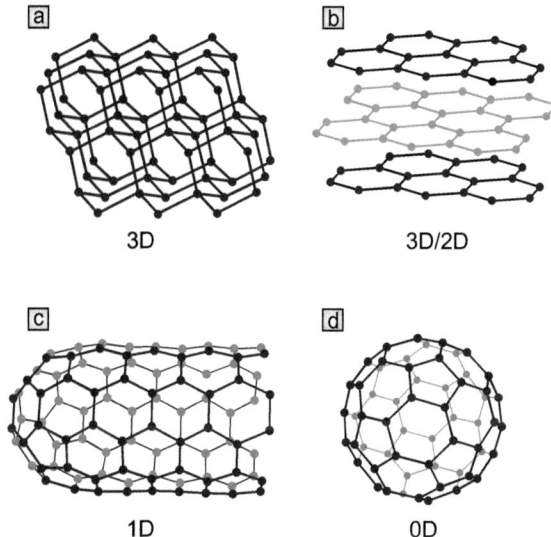

Abbildung 1.1: Modifikationen des Kohlenstoffs. (a) Dreidimensionaler Diamant (sp^3). (b) Dreidimensionaler Graphit (sp^2), welcher aus zweidimensionalen Graphenebenen besteht. (c) Eindimensionale Kohlenstoffnanoröhre (sp^2). (d) Nulldimensionales Fulleren C_{60} (sp^2).

1 Theoretische Grundlagen

Rollung oder Stapelung aus einer zweidimensionalen Graphenebene konstruieren (s. z.B. [48], Fig. 1). Aufgrund dieser Vielzahl nicht-zweidimensionaler Strukturen sowie kristalltheoretischer Argumente (Details in Abschnitt 1.3) wurde die Existenz freier zweidimensionaler Graphenkristalle lange Zeit ausgeschlossen. Erst die Extraktion monoatomarer Graphenebenen aus Graphit (Details in Abschnitt 2.1.2) im Jahr 2004 durch Novoselov et al. [1] widerlegte diese Auffassung und begründete ein neues Gebiet in der Festkörper- und Materialforschung.

Interessanterweise ist Graphen, trotz der sehr späten Entdeckung, die theoretisch am besten beschriebene Kohlenstoffmodifikation. Dies ist u. a. auf die Bedeutung des Graphit als Moderator in der Nukleartechnik und die damit verbundene intensive Forschung in den 50er und 60er Jahren des 20. Jahrhunderts zurückzuführen.

Graphit ist in der hexagonalen Form (AB-Stapelung, Abbildung 1.2) die thermodynamisch stabilste Spezies aller Kohlenstoffmodifikationen. Er sublimiert im Vakuum erst bei über 3800°C und oxidiert

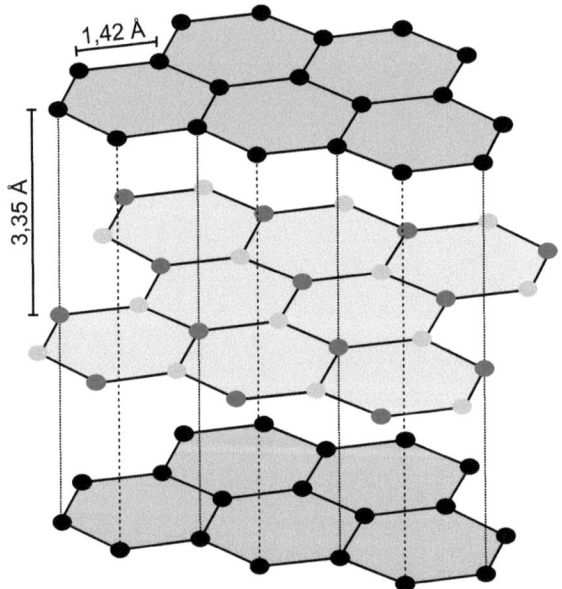

Abbildung 1.2: Schematische Darstellung von hexagonalem Graphit, der thermodynamisch stabilsten Kohlenstoffmodifikation. Eine einzelne Graphenebene ist durch die rot/grüne Atomdarstellung hervorgehoben. Der Abstand der Graphenebenen, welche durch van der Waals-Kräfte gebunden sind, beträgt 3,35 Å [49]. Die Bindung innerhalb der Ebenen ist kovalent, mit einem C-C Abstand, d_{CC}, von 1,42 Å.

an Luft bei 500°C [50]. Diamant wandelt sich unter Luftabschluss oberhalb 1500°C in hexagonalen Graphit um. Daneben existiert metastabiler rhomboedrischer Graphit (ABC-Stapelung), welcher im

Vakuum oberhalb 1300°C in hexagonalen Graphit übergeht. Der Abstand zwischen den Graphenebenen im hexagonalen Graphit, welche durch eine van der Waals-Wechselwirkung[2] gebunden sind, beträgt 3,35 Å [49]. Im Gegensatz zu Diamant liegt der Kohlenstoff im Graphit sp^2-hybridisiert vor und somit tragen drei Elektronen zur kovalenten Bindung[3] in der Ebene bei. Das vierte Elektron sitzt im p_z-Orbital senkrecht zur Gitterebene und ist delokalisiert. Die Schichtstruktur des Graphit führt, in Verbindung mit der großen Diskrepanz der Bindungskräfte in und zwischen den Ebenen, zu einer starken Anisotropie der physikalischen Eigenschaften. So ist bspw. die elektrische Leitfähigkeit entlang der Graphenebenen ca. 100-fach höher als senkrecht zur Schichtstruktur [49]. Ähnliches gilt auch für die thermische Leitfähigkeit und die mechanischen Eigenschaften. Die Anisotropie der mechanischen Eigenschaften spielt für die Extraktion einzelner Graphenebenen aus Graphit (in Abbildung 1.2 hervorgehoben mit rot-grüner Atomdarstellung) eine entscheidende Rolle (s. Abschnitt 2.1.2).

Als freies zweidimensionales System bildet Graphen das Bindeglied zwischen der unerschöpflichen Chemie des Kohlenstoffs und der Physik der zweidimensionalen Elektronensysteme.

1.3 Zweidimensionale Kristalle

Die Existenz echter zweidimensionaler Kristalle (im Unterschied zu quasi-zweidimensionalen Systemen) bei endlicher Temperatur wurde lange Zeit, unterstützt durch zahlreiche theoretische Arbeiten [4–6, 51, 52], ausgeschlossen. So führt die fehlende z-Fernordnung im Zweidimensionalen dazu, dass Versetzungen bei jeder Temperatur $> 0\,\mathrm{K}$ im Kristall existieren. Zudem setzt die "harmonische Näherung" zur Beschreibung des Phononenspektrums eines Festkörpers voraus, dass die Amplitude einer Gitterschwingung viel kleiner ist als der interatomare Abstand, weil der Kristall sonst seinen Schmelzpunkt überschreiten würde. Im Dreidimensionalen ist diese Bedingung für kleine Temperaturen gegeben, während in der zweidimensionalen Formulierung der "harmonischen Näherung" die Amplitude der Gitterschwingungen bereits für kleine Temperaturen divergiert [5, 6]. Somit kann ein zweidimensionaler Kristall im Rahmen der "harmonischen Näherung" nicht existieren. Nichtlineare Kopplungseffekte zwischen Schwingungsmoden [7, 8] können einen zweidimensionalen Kristall stabilisieren, was zu einer gewellten Oberflächenstruktur des Kristalls bei endlicher Temperatur führt. Der zweidimensionale Kristall "nutzt" regelrecht die dritte Dimension aus, um stabil zu bleiben. Experimentell konnte diese gewellte Struktur bei freihängenden Graphenmembranen mittels Elektronenbeugung nachgewiesen [9] und die Größenordnung ihrer Amplitude ($\approx 1\,\mathrm{nm}$) sowie räumlichen Ausdehnung (≈ 5–$10\,\mathrm{nm}$) abgeschätzt werden. Mittlerweile existieren auch STM-Untersuchungen, welche die Topographie einer Graphenmonolage besonders anschaulich machen. Abbildung 1.3 [53] zeigt die STM-Aufnahme einer Graphenmonolage auf einem Si/SiO_2-Substrat. Die deutlich sichtbare

---
[2] Bindungsenergie: 7 kJ/mol [28]
[3] Bindungsenergie: 524 kJ/mol [28]

1 Theoretische Grundlagen

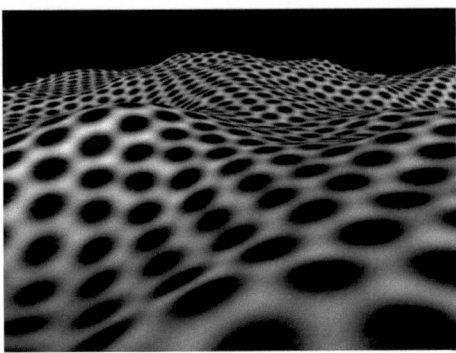

Abbildung 1.3: STM-Aufnahme einer Graphenmonolage auf einem Substrat zur Illustration der gewellten Struktur eines zweidimensionalen Kristalls. Die sichtbare Welligkeit des Kristalls ist eine Überlagerung von Substratrauigkeit und intrinsischer Riffelung des Graphens. Aus den STM-Daten lässt sich die Amplitude und Wellenlänge der intrinsischen Korrugation bestimmen. Abbildung aus [53].

Wellung der Oberfläche ist eine Überlagerung von Substratrauigkeit und intrinsischer Korrugation des Graphens. Aus der Analyse der STM-Daten mit Hilfe einer Korrelationsfunktion lässt sich die Größenordnung der intrinsischen Korrugation abschätzen und ist konsistent mit den Elektronenbeugungsdaten [54].

Momentan ist noch nicht geklärt, welchen Einfluss die gewellte Struktur von Graphen auf die elektronischen Eigenschaften hat. Es gibt Spekulationen, dass ein effektives Magnetfeld (Eichfeld) [15, 55] aufgrund der Krümmung des 2DES zu einer Unterdrückung von schwacher Lokalisierung führt [56]. Dies ist aber noch Gegenstand der Forschung und ist ebenso ungeklärt wie die Frage, welchen Einfluss die Krümmung auf die Ladungsträgermobilität hat.

1.4 Kristallstruktur von Graphen

Graphen ist eine monoatomare Schicht von Kohlenstoffatomen, die in einem hexagonalen Gitter mit einer C-C Bindungslänge, d_{cc}, von 1,42 Å [49] angeordnet sind (Abbildung 1.4). Betrachtet man neben der Punktsymmetrie (drei- und sechszählige Drehung) auch die Translationssymmetrie des Gitters, so zeigt sich dass das Graphengitter aus zwei trigonalen Untergittern A (grün) und B (rot) aufgebaut ist. Alternativ kann das Gitter als trigonales Gitter mit zweiatomiger Basis (schattiertes Rechteck) beschrieben werden. Die chemisch identischen Kohlenstoffatome spalten somit in zwei symmetrisch inäquivalente Gruppen von Gitteratomen auf. Dies hat tiefgreifende Konsequenzen für die elektronischen Eigenschaften von Graphen (s. nächster Abschnitt 1.5). Die Gittervektoren $\vec{a}_1 = \frac{d_{cc}}{2}(\sqrt{3}, 3)$ und $\vec{a}_2 = \frac{d_{cc}}{2}(-\sqrt{3}, 3)$ spannen die Einheitszelle auf, welche zwei Atome (je eines von

1.4 Kristallstruktur von Graphen

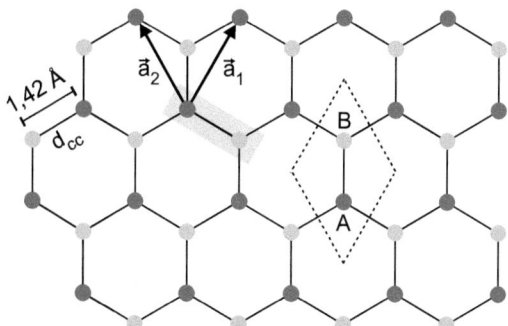

Abbildung 1.4: Kristallstruktur von Graphen. Das Graphengitter besteht aus zwei inäquivalenten trigonalen Untergittern A (grün) und B (rot). Die Gittervektoren $\vec{a}_1$ und $\vec{a}_2$ spannen die Einheitszelle auf, welche je ein Atom der beiden Untergitter enthält. Die Kantenlänge der Einheitszelle beträgt $a = 2{,}46$ Å. Jedes Atom trägt ein Elektron zum 2DES bei. Das grau-schattierte Rechteck markiert die zweiatomige Basis mit dem C-C Abstand $d_{cc} = 1{,}42$ Å.

beiden Untergittern) enthält und eine Fläche von $A_c = 5{,}24$ Å^2 abdeckt. Die Gitterkonstante ist $a = \sqrt{3} d_{cc} = 2{,}46$ Å.

Die sp^2-Hybridisierung eines s-Orbitals mit zwei p-Orbitalen führt zu einer trigonal-planaren Struktur mit σ-Bindungen zwischen den Kohlenstoffatomen. Das σ-Band hat eine gefüllte Schale und bildet damit ein energetisch sehr tief liegendes Valenzband, welches für die große Stabilität der Bindung verantwortlich ist. Senkrecht zur Graphenebene befindet sich ein verbleibendes p$_z$-Orbital, welches pro Atom ein Elektron enthält. Durch den Überlapp zwischen p$_z$-Orbitalen benachbarter Atome entstehen π-Bänder, in denen die Elektronen delokalisiert sind und sich entlang der Graphenebene frei bewegen können. Diese Schicht delokalisierter Elektronen bildet ein 2DES in der xy-Ebene mit einer räumlichen Ausdehnung in z-Richtung von 3,35 Å, die dem Abstand zweier Graphenebenen im hexagonalen Graphit entspricht. Im Vergleich zur Ausdehnung der Elektronenwellenfunktion in einem konventionellen 2DES von ca. 10 nm ist die z-Lokalisierung in Graphen und damit seine "Zweidimensionalität" deutlich höher. Dies führt u.a. dazu, dass typische Quanteneffekte des Zweidimensionalen robuster gegenüber erhöhten Temperaturen sind. So konnte der integrale Quantenhalleffekt (s. Kapitel 7) in Graphen erstmals bei Raumtemperatur beobachtet werden [27], was bisher als undenkbar galt. Zudem ist Graphen ein "freies" 2DES, d.h. es wird nicht an der inneren Grenzfläche eines Bulk-Kristalls gebildet, wie im Fall einer AlGaAs/GaAs-Heterostruktur, sondern kann frei zugänglich auf einem Trägersubstrat bzw. sogar freihängend als Membran [57] existieren. Sämtliche oberflächensensitiven Charakterisierungs- und Strukturierungsmethoden der Festkörperforschung (z.B. AFM, STM, SEM, ARPES, FIB, EBL,...) können daher unmittelbar auf Graphen eingesetzt werden.

1 Theoretische Grundlagen

1.5 Bandstruktur von Graphen

Der Übergang vom Realraum in den reziproken Raum entspricht im hexagonalen Kristallsystem einer Drehung um 30°. In Abbildung 1.5 ist das Graphengitter im reziproken Raum dargestellt. Die Vektoren $\vec{b}_1 = \frac{2\pi}{3d_{cc}}(\sqrt{3}, 1)$ und $\vec{b}_2 = \frac{2\pi}{3d_{cc}}(-\sqrt{3}, 1)$ spannen das reziproke Gitter auf. Die erste

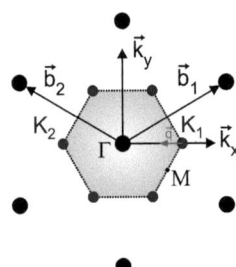

Abbildung 1.5: Reziprokes Gitter von Graphen. $\vec{b}_1$ und $\vec{b}_2$ sind die reziproken Gittervektoren. Das grau schattierte Sechseck ist die erste Brillouin-Zone (BZ), auf deren Rand sechs K-Punkte liegen. Das Zentrum der BZ, bezeichnet durch Γ, liegt im Koordinatenursprung $(0,0)$. Aufgrund der zwei Untergitter im Realraum gibt es zwei inäquivalente K-Punkte an den Positionen $\vec{K}_1$ und $\vec{K}_2$. $\vec{k}_x$, $\vec{k}_y$ und $\vec{q}$ bilden die Basis für die Bandstrukturberechnung.

Brillouin-Zone des reziproken Gitters ist grau-schattiert eingezeichnet, auf deren Rand sechs K-Punkte liegen, von denen jeweils zwei, $\vec{K}_1 = (\frac{4\pi}{3a}, 0)$ und $\vec{K}_2 = (-\frac{4\pi}{3a}, 0)$, inäquivalent sind. Die zwei K-Punkte spiegeln die Symmetrie der zwei Untergitter des Realkristalls wieder, was auf der Energieachse zu einer Valley-Entartung der Graphenbandstruktur bezüglich der beiden K-Punkte führt, beschrieben durch $E(\vec{K}_1) = E(\vec{K}_2) = 0$.

Als Ansatz zur Bandstrukturberechnung dient ein "tight binding"-Modell [3, 58]. Dieses berücksichtigt Hopping von Elektronen zwischen nächsten und übernächsten Nachbaratomen. Daraus erhält man für die Bandstruktur von Graphen:

$$E_{\pm}(\vec{k}) = \pm\gamma\sqrt{3 + f(\vec{k})} - \gamma' f(\vec{k}). \qquad (1.1)$$

γ bzw. γ' sind die Energien für Hopping zwischen nächsten Nachbarn (also zwischen den Untergittern A und B) bzw. übernächsten Nachbarn (innerhalb eines Untergitters). Für γ wird ein Wert von $\approx 2{,}7$ eV angesetzt [16]. Im einfachsten Fall wird $\gamma' = 0$ gesetzt, was eine bezüglich Leitungs- und Valenzband symmetrische Bandstruktur ergibt[4]. Das Plus-/Minuszeichen ($\pm$) erzeugt das Leitungs-

---
[4] Asymmetrien zwischen den Bändern, wie sie für $\gamma' > 0$ auftreten, werden hier nicht weiter betrachtet. Zudem ist der genaue Wert für γ' nicht bekannt. Aus ab initio Berechnungen ergeben sich Werte zwischen $0{,}02\gamma \leq \gamma' \leq 0{,}2\gamma$ [58].

band (+) bzw. Valenzband (-). Die Funktion $f(\vec{k})$ hat die Form:

$$f(\vec{k}) = 2\cos(k_x a) + 4\cos\left(\frac{k_x}{2}a\right)\cos\left(\frac{\sqrt{3}}{2}k_y a\right). \quad (1.2)$$

a bezeichnet die Gitterkonstante und k_x, k_y sind die Koordinaten im reziproken Raum gemäß Abbildung 1.5.
In Abbildung 1.6 ist die Bandstruktur $E_\pm(\vec{k})$ für den symmetrischen Fall ($\gamma' = 0$) dargestellt. Leitungs- und Valenzband berühren sich an den K-Punkten, welche in diesem Zusammenhang auch

Abbildung 1.6: Bandstruktur von Graphen, berechnet nach dem "tight binding"-Modell aus [3]. $\gamma = 2{,}7$ eV und $\gamma' = 0$ eV.

Dirac-Punkte (DP) genannt werden, da die elektronischen Eigenschaften von Graphen in der Nähe der DP von der Dirac-Gleichung bestimmt werden (siehe Abschnitt 1.6). An den DP gilt $E_\pm(\vec{K}_i) = 0$, wobei $\vec{K}_i$ den Vektor vom Γ-Punkt zum i-ten K-Punkt bezeichnet. Graphen ist somit ein Halbleiter ohne Bandlücke oder ein Halbmetall mit verschwindendem Bandüberlapp.
In der Nähe der K-Punkte d.h. für Wellenvektoren $|\vec{q}| \ll |\vec{K}_i|$ ist die Bandstruktur konisch-linear und bezüglich der beiden inäquivalenten K-Punkte entartet (Valley-Entartung). Inklusive Spinentartung ist Graphen damit vierfach entartet, was sich bspw. im Quantenhalleffekt (s. Kapitel 7) an vierfach entarteten Landau-Niveaus erkennen lässt. Der lineare Bereich entspricht einer Energie $E < \gamma$, was für die meisten Experimente im interessanten Regime liegt. Hier lassen sich 1.1 und 1.2 zu

$$E(\vec{q}) \approx \pm\hbar|\vec{v}|\sqrt{q_x^2 + q_y^2} \quad (1.3)$$

vereinfachen. Das entspricht einem um Null symmetrischen Doppelkonus. $\vec{v}$ bezeichnet dabei die Fermi-Geschwindigkeit, welche einen Wert von ca. $1\cdot 10^6$ m/s hat und aus der Hopping-Energie γ

1 Theoretische Grundlagen

abgeleitet werden kann[5]. Im Unterschied zu einem konventionellen Halbleiter ist $\vec{v}$ unabhängig von Energie und Impuls.

Für viele grundlegende Betrachtungen reicht es sogar aus, die Bandstruktur nur entlang einer q-Richtung zu betrachten, wie in Abbildung 1.7 aufgetragen. Der Bereich im Inset von -2 eV bis +2 eV

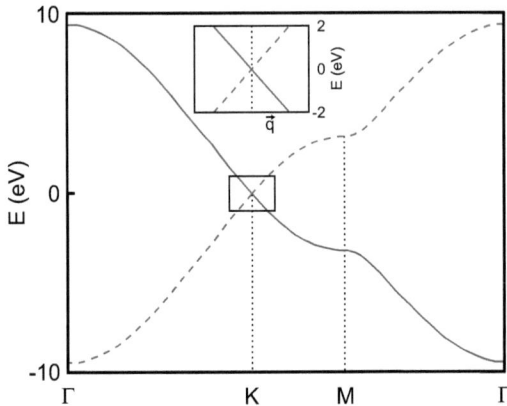

Abbildung 1.7: Vereinfachte Bandstruktur von Graphen (reproduziert nach [59]). Im Inset ist der Bereich von -2 eV bis +2 eV dargestellt, welcher für die meisten Experimente relevant ist. In diesem Energieintervall ist die Bandstruktur linear ($E(\vec{q}) \approx \pm \hbar |\vec{v}||\vec{q}|$). Die rote und grüne Farbe der Bänder symbolisiert die zusätzliche Quantenzahl aufgrund der inäquivalenten Untergitter, den Pseudospin (s. nächster Abschnitt).

wird durch

$$E(\vec{q}) \approx \pm \hbar |\vec{v}||\vec{q}| \qquad (1.4)$$

beschrieben. Bei höheren Energien als γ weicht die Bandstruktur vom linearen Verlauf ab und es tritt eine Verzerrung auf, welche in der (k_x, k_y)-Ebene wieder die dreizählige Symmetrie der Untergitter ausbildet. In der Literatur [60] wird dies als "trigonal-warping" bezeichnet. Für alle Experimente in dieser Arbeit ist aber nur der lineare Teil der Bandstruktur relevant, da die typische Energieskala hier unter γ liegt.

1.6 Masselose Dirac-Fermionen

Während bei parabolischer Dispersion eine effektive Masse aus der Krümmung der Dispersion abgeleitet werden kann, welche alle Effekte des Kristallpotentials erfasst und somit die kompakte Behandlung in der Schrödinger-Gleichung erlaubt, ist dies für Graphen nicht möglich, da hier die Krümmung null ist. Weil die lineare Gleichung 1.4 dem Spektrum masseloser relativistischer Teilchen

---
[5] $|\vec{v}| \approx 3\gamma d_{cc}/2\hbar$

1.6 Masselose Dirac-Fermionen

mit konstanter Gruppengeschwindigkeit, wie z.B. Photonen, ähnelt, kann man eine analoge Beschreibung wählen [61]. Anstelle der Klein-Gordon-Gleichung, welche für Teilchen mit ganzzahligem Spin Anwendung findet, wird für Graphen die Dirac-Formulierung für Spin 1/2 Teilchen verwendet [62],

$$-i\hbar\vec{v}\begin{pmatrix} 0 & \partial_x - i\partial_y \\ \partial_x + i\partial_y & 0 \end{pmatrix}\begin{pmatrix} \Psi_A \\ \Psi_B \end{pmatrix} = E\begin{pmatrix} \Psi_A \\ \Psi_B \end{pmatrix} \quad (1.5)$$

wobei für die Gruppengeschwindigkeit $\vec{v}$ der hier betrachteten Anregungen $|\vec{v}| \ll c$ gilt. Diese Anregungen besitzen eine verschwindende effektive Masse, welches eine direkte Konsequenz der Kristallstruktur von Graphen ist. Aufgrund der formalen Übereinstimmung mit der relativistischen Quantenmechanik werden sie als Dirac-Fermionen[6] bezeichnet. Ψ_A und Ψ_B sind die zu den beiden Untergittern A und B gehörenden Wellenfunktionen.

Eine Konsequenz der Dirac-Gleichung ist die Existenz von Teilchen-/Antiteilchenpaaren. Im Festkörper sind dies Elektronen und Löcher, welche in Materialien mit parabolischer Dispersion durch getrennte Schrödinger-Gleichungen beschrieben werden. Daher sind die effektiven Massen von Elektronen und Löchern in diesen Materialien nicht zwangsläufig identisch oder in bestimmter Weise korreliert. In Graphen sind Elektronen und Löcher dagegen über eine gemeinsame Wellenfunktion, einen vierkomponentigen Bispinor (mit den Komponenten Ψ_A und Ψ_B), analog Teilchen-/Antiteilchenpaaren in der Quantenelektrodynamik miteinander gekoppelt (Gleichung 1.5) [64]. Diese spezielle Struktur der Wellenfunktion beinhaltet eine zusätzliche Quantenzahl, den so genannten Pseudospin, ähnlich dem realen Spin eines Teilchens. Im Realraum entspricht der Pseudospin

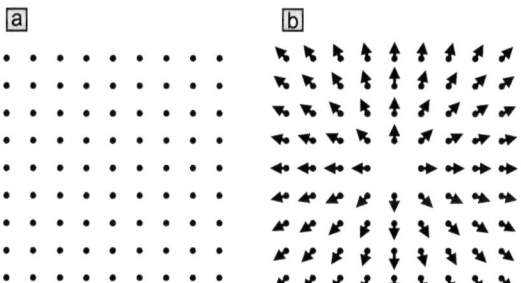

Abbildung 1.8: Zustände im Impulsraum, dargestellt für (a) "konventionelle Halbleiter" und (b) Graphen. Die Punkte bezeichnen den Impuls des Zustandes, die Pfeile den zugehörigen Pseudospin. Die Darstellung für Graphen gilt für Teilchen; bei Antiteilchen/Löchern wäre der Pseudospin antiparallel zum Impuls orientiert.

der Zugehörigkeit zu einem der beiden Untergitter A oder B. Diese intrinsische Symmetrie der

---
[6] Ein Ansatz zur Dirac-Gleichung für Graphen kann aus der Arbeit von McClure [63] abgeleitet werden.

Kristall- bzw. der Bandstruktur von Graphen führt dazu, dass der Pseudospin (Abbildung 1.8) bei vielen Effekten gegenüber dem realen Spin dominiert. So führt die Pseudospinerhaltung bspw. zu einem ungewöhnlichen Tunnelverhalten von Dirac-Fermionen an Potentialbarrieren, dem so genannten Klein-Tunneln [10, 17].

1.6.1 Tunneln und elektrostatischer Einschluss

Eine experimentell besonders weitreichende Eigenschaft masseloser Dirac-Fermionen ist die Schwierigkeit eines elektrostatischen Einschlusses. D.h. die Ladungsträger in Graphen können in einer Potentialbarriere nicht eingesperrt werden. Dies ist auf die besondere Symmetrie der Bandstruktur bzw. des Graphengitters zurückzuführen, erschwert die experimentelle Herstellung von Quantenpunkten und Transistoren aus Graphen und hat besondere Konsequenzen für pn-Übergänge, die in dieser Arbeit ausführlicher untersucht werden (s. Kapitel 8, 9).

In Abbildung 1.9 sind die beiden gängigen Fälle für ein Teilchen an einer Barriere dargestellt. Ein

Abbildung 1.9: Verhalten eines Teilchens mit $E < \Delta E$ an einer Potentialbarriere der Höhe ΔE. (a) Ein klassisches Teilchen wird vollständig reflektiert. (b) Die Wellenfunktion eines quantenmechanischen Teilchens kann in die Barriere eindringen und bei nicht zu großer Barrierenbreite gibt es ein endliche Wahrscheinlichkeit, dass das Teilchen die Barriere durchdringt.

massives Teilchen trifft auf eine Barriere der Höhe ΔE, wobei die Energie des Teilchens kleiner als die Barrierenhöhe ist. Im klassischen Fall wird das Teilchen daher an der Barriere reflektiert (Fall a). Quantenmechanisch betrachtet hat ein leichtes Teilchen aufgrund seiner Ortsunschärfe eine endliche Wahrscheinlichkeit hinter der Barriere zu existieren, wenn diese nicht zu breit und zu hoch ist. Die Wellenfunktion des Teilchens wird dabei exponentiell in der Barriere gedämpft (Fall b). Erzeugt man eine ausreichend hohe und breite Barriere, so lässt sich ein Teilchen also immer einsperren.

Diese Aussage gilt nicht mehr für relativistische Teilchen. Die Transmissionswahrscheinlichkeit eines solchen Teilchens ist unabhängig von der Barrierenhöhe und -breite. Der Effekt wurde 1928 von O. Klein theoretisch vorhergesagt [17] und ist als "Klein-Paradoxon" bekannt [65]. Er basiert auf der Bildung von Zuständen negativer Energie (Positronen) in der Barriere. Eine experimentelle Beobachtung ist bisher nicht möglich gewesen, da die erforderlichen relativistischen Energien von $\approx 10^{12}$ eV nicht oder nur mit sehr großem Aufwand (z. B. CERN) erreicht werden können.

In Graphen hat man nun ein ideales Modellsystem, um solche Effekte in Analogie bei niedrigen Energien (Größenordnung 1 eV) zu untersuchen. Da Dirac-Fermionen in Graphen masselos sind, existieren in der Barriere auch bei kleinen Energien Zustände negativer Energie. Dabei handelt es sich natürlich um Löcher anstelle von Positronen. Formal lässt sich dieses Problem wie das "Klein-Paradoxon" behandeln. Die Transmissionswahrscheinlichkeit durch eine Potentialbarriere in Graphen ist bei senkrechtem Einfall 100%, unabhängig von der Barrierenhöhe und -breite [10]. Abbildung 1.10 veranschaulicht diesen Zusammenhang. Ein Teilchen mit Impuls nach rechts (schwarzer Pfeil), wel-

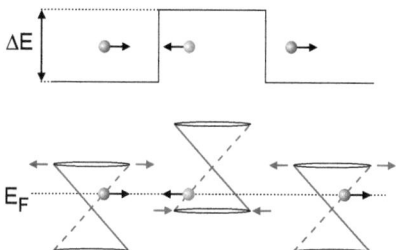

Abbildung 1.10: Ein masseloses Dirac-Fermion mit $E < \Delta E$ besitzt bei senkrechtem Einfall auf die Barriere der Höhe ΔE eine Transmissionswahrscheinlichkeit von 100%, unabhängig von der Barrierenhöhe und -breite. Dies ist auf die Erhaltung des Pseudospins (rote und grüne Pfeile) zurückzuführen. Ein Teilchen mit Impuls nach rechts (schwarzer Pfeil), welches aus einem Zustand mit "Pseudospin rechts" (grüner Pfeil) stammt, kann nur in einen Zustand gleichen Pseudospins gestreut werden.

ches aus einem Zustand mit "Pseudospin rechts" (grüne Pfeile) stammt, kann nur in einen Zustand mit "Pseudospin rechts" gestreut werden. In der Barriere tritt somit ein Loch mit Impuls nach links auf, welches im Bild von Klein der Zustand negativer Energie bzw. das Positron-Analogon ist. Rechts von der Barriere ist nur der Zustand mit Impuls nach rechts und Pseudospin nach rechts erlaubt. Das Teilchen hat somit die Barriere ungestört durchlaufen. Dieser Prozess kann in realen Proben durch Streuung an kurzreichweitigen Störstellen behindert werden. Solche Streuung kann zu einem "Pseudospinflip" führen (Inter-Valley Streuung, s. Kapitel 6). Ergänzend sei anzumerken, dass in einem künstlichen konventionellen "nicht-Dirac"-Halbleiter ohne Bandlücke, die Transmissionswahrscheinlichkeit als Funktion der Barrierenhöhe zwischen null und eins oszillieren würde [10], während in Graphen immer 100% Transmission vorliegt. Die fehlende Bandlücke in Graphen allein könnte diesen Effekt also nicht vollständig erklären.

1.6.2 Fermi-Geschwindigkeit

Die Fermi-Geschwindigkeit $\vec{v}$ in einem konventionellen 2DES wird durch die effektive Masse $\tilde{m}$ der Ladungsträger und deren Konzentration bestimmt, welche mit dem Fermi-Wellenvektor $\vec{k}_F$ verknüpft ist:

$$\vec{v} = \frac{\hbar \vec{k}_F}{\tilde{m}}. \tag{1.6}$$

1 Theoretische Grundlagen

In Graphen ist die Fermi-Geschwindigkeit konstant und wird nur durch den Abstand d_{cc} zwischen benachbarten Kohlenstoffatomen und die Hoppingenergie γ zwischen diesen festgelegt:

$$|\vec{v}| \sim \frac{3\gamma d_{cc}}{2\hbar} \approx \frac{c}{300}. \quad (1.7)$$

In der Literatur wird $|\vec{v}|$ auch oft mit der Lichtgeschwindigkeit c verglichen, um die Analogie zwischen Graphenphysik und Quantenelektrodynamik zu betonen.

1.6.3 Zustandsdichte

Die Zustandsdichte in einem konventionellen 2DES ist unabhängig von der Energie E. Für den spinentarteten Fall ergibt sich:

$$D(E) = \frac{\tilde{m}}{\pi\hbar^2}. \quad (1.8)$$

Dagegen resultiert aus der linearen Dispersion des Graphens eine linear von der Energie abhängige Zustandsdichte, welche am Dirac-Punkt ($E = 0$) verschwindet. Unter Berücksichtigung der Vierfachentartung in Graphen (2x Spin, 2x Valley) folgt für $D(E)$:

$$D(E) = \frac{|E|}{\pi\hbar v^2}. \quad (1.9)$$

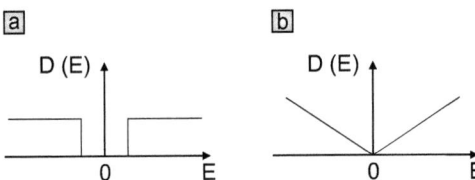

Abbildung 1.11: Zustandsdichte $D(E)$ für ein "konventionelles" 2DES (a) und Graphen (b).

1.6.4 Landau-Spektrum

Im senkrechten Magnetfeld B kondensieren die Zustände des 2DES in ein diskretes Landau-Spektrum (Abbildung 1.12), welches aus einer Summe von Delta-Peaks besteht.
Beim konventionellen Halbleiter mit parabolischer Dispersion sind die N Landau-Niveaus auf der

Energieachse äquidistant mit einem Abstand von $\hbar\omega_c$ verteilt (Abbildung 1.12a):

$$E_{LL} = \hbar\omega_c(N + \frac{1}{2}). \quad (1.10)$$

Das unterste Landau-Niveau ($N = 0$) liegt bei $\frac{1}{2}\hbar\omega_c$, wobei ω_c die Zyklotronfrequenz ist. Anschaulich folgt dieses Verhalten aus der Quantisierung des harmonischen Oszillators, welcher ebenfalls eine nicht verschwindende Nullpunktsenergie besitzt. Aufgrund der energieabhängigen Zustands-

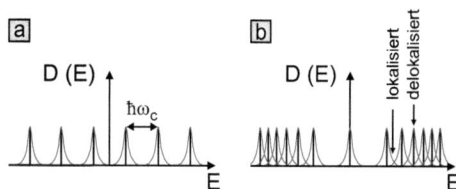

Abbildung 1.12: Schematische Darstellung der Zustandsdichte eines 2DES im senkrechten Magnetfeld (Landau-Spektrum). (a) Äquidistantes Spektrum für einen konventionellen Halbleiter mit parabolischer Dispersion. (b) Wurzelabhängigkeit sowie Niveau bei $E = 0$ für Graphen. Die roten Kurven symbolisieren lokalisierte Zustände aufgrund von Streuverbreiterung in realen Proben.

dichte in Graphen (Gleichung: 1.9) sind die Landau-Niveaus nicht äquidistant sondern folgen einer Wurzelabhängigkeit[7] (Abbildung 1.12b):

$$E_{LL} = \pm|\vec{v}|\sqrt{2e\hbar B}\sqrt{N}. \quad (1.11)$$

Das unterste Landau-Niveau ($N = 0$) liegt zudem bei $E = 0$ und enthält bei voller Entartung 2 lochartige und 2 elektronische Zustände. Dieses modifizierte Landau-Spektrum bedingt den "unkonventionellen" Quantenhalleffekt in Graphen ([25, 26, 66] und Kapitel 7).

1.6.5 Zyklotronmasse und Zyklotronfrequenz

Charakteristisch für die lineare Dispersion ist eine Wurzelabhängigkeit der Zyklotronmasse m_c von der Ladungsträgerdichte n:

$$m_c = \frac{\hbar\sqrt{\pi}}{|\vec{v}|}\sqrt{n}. \quad (1.12)$$

---

[7] Die Herleitung des Landauspektrums kann mit einer einfachen Integration der Zustandsdichte über das Energieintervall zwischen zwei Landau-Niveaus durchgeführt werden. Das Integral muss mit der Anzahl der Zustände $4eB/h$ in einem vierfach entarteten Landau-Niveau verglichen werden, um die Magnetfeldabhängigkeit (1.11) zu erhalten.

1 Theoretische Grundlagen

Dieser Zusammenhang konnte an Graphen u.a. von Novoselov et al. [25] aus der Temperaturabhängigkeit der Shubnikov-de Haas-Oszillationen sowie von Martin et al. [67] durch Messung der Kompressibilität des 2DES experimentell gezeigt werden.
In einem konventionellen 2DES sind effektive Masse $\tilde{m}$ und Zyklotronmasse m_c dagegen identisch. Entsprechend unterscheiden sich auch die Ausdrücke für die Zyklotronfrequenz ω_c.
Im konventionellen 2DES gilt:

$$\omega_c = \frac{eB}{\tilde{m}} \qquad (1.13)$$

gegenüber

$$\omega_c = \frac{\vec{v}eB}{\hbar \vec{k}_F} \qquad (1.14)$$

in Graphen. B bezeichnet in beiden Formeln das Magnetfeld, welches senkrecht zum 2DES anliegt.

Eine interessante Konsequenz dieser veränderten Zyklotronfrequenz in Graphen ist die gegenüber konventionellen 2DES erhöhte Zyklotronenergie $\hbar\omega_c$, welche bei gleichen Magnetfeldern eine stärkere Separation zwischen Landau-Niveaus bewirkt. Für Magnetfelder kleiner 30 T ist die Bedingung $\hbar\omega_c >> k_B T$ bereits bei Raumtemperatur erfüllt, wobei k_B die Boltzmann-Konstante ist. Das bedeutet, dass der integrale Quantenhalleffekt in Graphenproben realistischer Qualität bei Raumtemperatur und praktisch erreichbaren Magnetfeldern beobachtet werden kann. Tatsächlich konnte der integrale Quantenhalleffekt in Graphenmonolagen von Novoselov et al. bei 300 K und 29 T experimentell nachgewiesen werden [27].

2 Probenpräparation

In diesem Kapitel wird der Gesamtprozess zur Herstellung von Graphenproben für Experimente des elektrischen Transports behandelt. Ausgehend von der Herstellung isolierter Graphenmonolagen auf Si/SiO$_2$-Wafern wird deren Charakterisierung mittels optischer Mikroskopie und Raman-Spektroskopie erläutert. Danach wird auf die Strukturierung definierter Geometrien aus den Monolagen sowie die elektrische Kontaktierung mittels Elektronenstrahllithographie eingegangen. Abschließend wird die Auswahl des am besten geeigneten Graphit-Ausgangsmaterials anhand erster Transportdaten und der Präparationsausbeute diskutiert.

2.1 Verfahren zur Graphenherstellung

In diesem Abschnitt werden zwei der etablierten Verfahren zur Herstellung von Graphen erläutert. Beide haben spezifische Vor- und Nachteile hinsichtlich der Probenqualität und Ausbeute an großflächigen Proben. Momentan existiert kein Verfahren, dass eine hohe Probenqualität mit einer hohen Probenausbeute vereint. Das erste Verfahren liefert hohe Ausbeute, wie sie für industrielle Anwendungen erforderlich wäre. Das zweite Verfahren ergibt die bessere Probenqualität, wie sie für die Untersuchung subtiler Effekte in der Grundlagenforschung nötig ist. Abschließend wird eine Übersicht über einige alternative Verfahren zur Graphenherstellung gegeben.

2.1.1 Verfahren I: Epitaktisches Wachstum

Das erste Verfahren basiert auf der Graphitisierung der Oberfläche von einkristallinem 4H- oder 6H-Siliziumkarbid (SiC) bei einer Temperatur zwischen 1250°C bis 1450°C im UHV [68, 69]. Es werden sowohl Si-terminierte (0001) als auch C-terminierte (000$\bar{1}$) SiC-Wafer verwendet. Unter den gegebenen Bedingungen besitzt Silizium einen höheren Dampfdruck als Kohlenstoff und dampft daher aus der Oberfläche ab. Dies führt zu einer Anreicherung von Kohlenstoff in der obersten Schicht. An der Oberfläche bildet sich eine Graphenmonolage durch epitaktisches Wachstum, welche über eine $6\sqrt{3} \times 6\sqrt{3}R30°$ rekonstruierte Pufferschicht an den SiC-Kristall gekoppelt ist. Durch Variation der Prozessparameter lassen sich neben Monolagen auch Doppellagen sowie Dreifachlagen kontrolliert herstellen.

Die Methode ermöglicht die Erzeugung großflächiger (cm²) Graphenproben, wie sie für industrielle Anwendungen relevant sein könnten. Allerdings besteht ein Nachteil darin, dass die Ladungsträgerdichte der Graphenschicht nicht mittels eines Backgates verändert werden kann, da das leitfähige SiC-Substrat im Normalfall vorhanden ist. Es ist zwar auch möglich undotiertes, nicht-leitfähiges SiC zu wachsen, dann fehlt aber die Backgate-Elektrode. Zudem ist der Einfluss der Kopplung des Graphens an die stark dotierende $6\sqrt{3} \times 6\sqrt{3}R30°$ Pufferschicht weiterhin unklar, vor allem ob Graphen auf SiC als "freies" Graphen, im Sinne eines zweidimensionalen Kristalls, betrachtet werden kann [70].

Diese Nachteile beziehen sich vorwiegend auf Experimente zum elektrischen Transport in Graphen. Für Experimente der optischen Spektroskopie wie z.b. ARPES, ARUPS oder Raman-Spektroskopie, ist epitaktisches Graphen hingegen geeignet [71, 72]. So erlaubt die gute Kontrolle des Schichtwachstums in diesem Verfahren, bspw. die Entwicklung der Bandstruktur, abhängig von der Schichtanzahl, mittels ARPES, in-situ, zu untersuchen.

Da in dieser Arbeit der elektrische Transport im Grundlagenmaßstab im Vordergrund steht, wird kein epitaktisches Graphen auf SiC verwendet. Der nächste Abschnitt behandelt deshalb ausführlich das Verfahren, welches momentan die beste Probenqualität für Experimente im Bereich des elektrischen Transports liefert.

2.1.2 Verfahren II: "Micromechanical Cleavage"

Das zweite Verfahren zur Graphenherstellung, die so genannte "Scotch-tape"-Methode oder auch "micromechanical cleavage", wurde 2004 an der Universität Manchester in der Gruppe von A. Geim entwickelt [1] und nutzt die Asymmetrie der Bindung in Schichtkristallen aus (vgl. Kapitel 1.2). Zwischen einzelnen Kristallebenen besteht nur eine schwache van der Waals-Bindung (bei Graphit: 7 kJ/mol [28]), während die kovalente Bindung in der Ebene (bei Graphit: 524 kJ/mol [28]) eine sehr große Festigkeit mit sich bringt. Einzelne Kristallebenen können somit gegeneinander verschoben werden sind aber selbst stabil genug, um nicht zu zerreißen.

Abbildung 2.1a zeigt ein elektronenmikroskopisches Bild, von einem Graphitkristall, abgespaltener Graphenebenen. Auf der leichten Verschiebbarkeit einzelner Ebenen in Schichtkristallen beruht die Verwendung von Graphit oder Molybdänsulfid als mechanische Schmiermittel. Abbildung 2.1b illustriert den Vorgang schematisch anhand der Kristallstruktur von Graphit, wobei die Pfeile die Verschiebungsrichtung andeuten. In der Rastersondenmikroskopie wird Graphit schon lange in Form von Highly Oriented Pyrolytic Graphite (HOPG) als Test- bzw. Kalibrierungsprobe verwendet, da es sich in AFM- oder STM-Experimenten besonders gut abbilden lässt. Die leichte Abspaltbarkeit einzelner Kristallebenen wird dabei zur Vorbereitung einer frischen, sauberen Oberfläche ausgenutzt. Der Graphitkristall wird einfach mit einem Klebeband "abgezogen" und damit einige obere Schich-

2.1 Verfahren zur Graphenherstellung

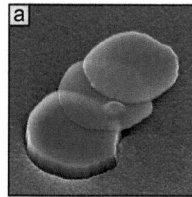
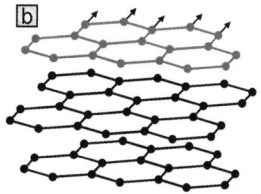

Abbildung 2.1: (a) Elektronenmikroskopische Aufnahme von einem Graphitkristall abgescherter Graphitebenen (Aufnahme: Gruppe A. Geim, Universität Manchester). (b) Schematische Kristallstruktur von Graphit mit rot dargestellter Graphenebene. Die Pfeile skizzieren die Verschiebungsrichtung.

ten abgeblättert. Die freigelegte saubere Oberfläche kann dann zur AFM- oder STM-Testmessung verwendet werden. Genau diese einfache Methode wurde von K. Novoselov und A. Geim weiterentwickelt, um monoatomare Kohlenstoffschichten zu isolieren. Es zeigte sich, dass einzelne Monolagen als mehrere 100 μm^2 große Flocken vom Graphitkristall abgespalten und auf ein elektrisch isolierendes Substrat übertragen werden können. Das Verfahren lässt sich ebenso zur Herstellung zweidimensionaler Kristalle anderer Materialien wie $NbSe_2$ oder MoS_2 verwenden [2].

Für die Graphenherstellung können verschiedene Graphitarten verwendet werden. In Abbildung 2.2a sind drei Beispiele gezeigt: (A) HOPG, (B) natürliches Graphit, (C) chemisch aufgereinigtes Graphit. Diese unterscheiden sich durch ihre Reinheit, Spaltbarkeit sowie durch die Größe einkristalliner Bereiche und bestimmen die Qualität, Ausbeute und Größe der aus ihnen präparierten Graphenmonolagen. Im Abschnitt 2.3.3 wird der Einfluss verschiedener Graphite auf die Probencharakteristik genauer untersucht, während hier zunächst das einfache Grundprinzip der Präparation veranschaulicht werden soll, welches für viele Schichtkristalle anwendbar ist.

Der Graphit wird auf ein spezielles Klebeband aufgebracht (Abbildung 2.2a, b) und durch wiederholtes Falten/Auseinanderziehen zwischen den Klebeflächen mehrfach gespalten bzw. abgezogen (Abbildung 2.2b). Das Klebeband stammt aus der Halbleitertechnik (SWT 10 von Nitto-Denko, s. Anhang) und dient dort zur Waferfixierung. Es hinterlässt wenige Kleberückstände und besitzt konstante Klebeeigenschaften sowie eine viel kleinere Klebekraft als gewöhnliches Klebeband. Die Spaltung wird 4-8 mal wiederholt. Dabei ist zu beachten, dass wenige Spaltungen zu einer höheren Ausbeute an großen Flocken ($>200\,\mu m^2$) variabler Dicke führen. Die Wahrscheinlichkeit viele Monolagen zu erhalten ist allerdings bei häufigerem Spalten höher, welche dann allerdings im Mittel kleiner sind (zwischen 50 und 200 μm^2). Die optimale Methode kann nicht exakt angegeben werden, da diese von der verwendeten Substratqualität und -reinheit, den Umgebungsbedingungen sowie individuellen Faktoren des Präparierenden abhängt. Auf die gespaltenen Graphitflocken auf dem Klebeband wird ein 4x4 mm^2 Si-Waferstück (hoch n-dotiert mit 300 nm thermischem Oxid) mit der polierten Seite gelegt und mit Pinzette und Finger fest gedrückt (Abbildung 2.2c, Kreis). Dabei

2 Probenpräparation

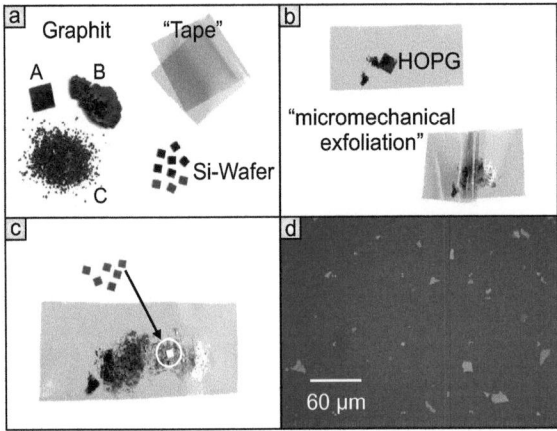

Abbildung 2.2: Schematische Darstellung der Graphenpräparation. (a) Beispiele verschiedener Graphitformen (A: HOPG, B: Naturgraphit, C: chemisch gereinigtes Graphit) als Ausgangsmaterial für die Graphenherstellung. Daneben ist das Spezialklebeband abgebildet sowie Si-Wafer, auf die das Graphen vom Klebeband übertragen wird. (b) Spaltung des Graphits auf einem Klebeband. (c) Übertragung der erzeugten Graphenflocken auf hochdotierte 4x4 mm^2 große Si-Waferstücke mit 300 nm Trockenoxid. (d) Lichtmikroskopisches Bild einer Waferoberfläche nach der Graphitaufbringung. Graphitflocken unterschiedlicher Dicke sind an den variierenden Interferenzfarben zu erkennen.

bleiben Graphitflocken unterschiedlicher Dicke auf der Waferoberfläche haften. Das Klebeband wird flach von der Waferoberfläche abgezogen und das Waferstück danach jeweils 10 s in Aceton, Wasser und 2-Propanol gereinigt, um anhaftende Klebereste zu entfernen. Ohne Reinigung sind Klebereste auf den Graphenflocken deutlich im AFM sichtbar. Die Reinigung hat zudem den Nebeneffekt, dass lose Flocken entfernt werden, welche bei der weiteren Prozessierung abreißen könnten.

Zum Substrat sei angemerkt, dass die Substratreinigung bzw. -behandlung vor der Graphitaufbringung entscheidend die Ausbeute beeinflusst. Zudem kann die vorherige Benetzung der Substrate mit einigen Nanometern Polymethylmethacrylat (PMMA) die Ausbeute an sehr großen Monolagen ($>500\,\mu m^2$) deutlich erhöhen [57], was für manche Anwendungen (Herstellung von freistehenden Graphenmembranen) interessant sein kann. Für Transportproben ist die Anwesenheit von PMMA und anderer Fremdstoffe auf und unter der Graphenschicht nicht günstig, da diese die elektronische Qualität negativ beeinflussen können, wie in späteren Kapiteln gezeigt wird.

Nach der oben beschriebenen Graphitaufbringung und -reinigung können die Proben direkt im optischen Mikroskop untersucht werden (Abbildung 2.2d). Dies stellt eine große Vereinfachung dar im Vergleich zur Präparation anderer Kohlenstoffmodifikationen wie CNT- oder Fullerenproben, die immer AFM oder SEM erfordern. Dabei wird die Tatsache ausgenutzt, dass Graphen trotz seiner geringen Dicke von nur 3,35 Å im optischen Mikroskop sichtbar ist. Dies wird im Abschnitt 2.2.1 genauer diskutiert.

Abschließend sollen noch kurz alternative Verfahren zur Graphenherstellung erwähnt werden, die ein Anwendungspotential besitzen könnten.

2.1.3 Alternative Verfahren

Die alternativen Verfahren zur Graphenherstellung zielen auf eine Kombination der Herstellung ganzer Wafer wie im ersten Verfahren (SiC), mit der Erzeugung echten isolierten Graphens hoher Qualität wie im zweiten ("micromechanical cleavage"). Einige bedienen sich katalytisch aktiver Oberflächen wie Ni(111) [73], Ir(111) [74, 75] oder Ru(0001) [76], welche bereits die Struktur und dem Graphen ähnliche Gitterkonstanten mitbringen. Das Graphen wird dabei aus Alkenen wie C_2H_4 oder C_3H_6 epitaktisch an der Metalloberfläche abgeschieden bzw. im Falle von Ru(0001) direkt aus interstitiell im Metall gelöstem Kohlenstoff gebildet, welcher durch geeignetes Tempern an die Oberfläche wandert [76]. Graphen aus diesen beiden Verfahren ist mangels eines isolierenden Substrates allerdings für elektrischen Transport ungeeignet, obwohl dieser für zukünftige Anwendungen von Graphen als Si-Alternative besonders wichtig wäre. Daher versuchen einige Gruppen Graphitoxid über die Zwischenstufe Graphenoxid zu Graphen zu reduzieren (s. z.B. [77]). Hierbei ist die große Defektdichte des erzeugten Graphens das Hauptproblem und die erzielten Ladungsträgerbeweglichkeiten liegen im Bereich von $1\,cm^2/Vs$.

2 Probenpräparation

Darüber hinaus gibt es Anstrengungen, Graphen mit Hilfe von MBE zu wachsen [78] und auch CVD [79, 80] und nasschemische Verfahren [81] sind Gegenstand vieler Untersuchungen zur Herstellung großflächiger Graphenproben hoher Qualität. Die Erzeugung großer Graphenflocken mittels CVD auf Kupferfolie mit Methan als Precursor [82] gibt Anlass zur Hoffnung, dass bald auch großflächiges Graphen mit guten Ladungsträgerbeweglichkeiten verfügbar ist. In diesem Fall konnten bereits Mobilitäten von $\approx$4000 cm^2/Vs gezeigt werden und Flockengrößen im Zentimeterbereich.

An diesem Punkt wird sich entscheiden, ob Graphen Einzug in technische Anwendungen erhält. Für die Grundlagenforschung bleibt weiterhin "Scotch-tape Graphen" das Material der Wahl, da es das momentane Optimum aus Größe (Größenordnung: 10 μm^2) und Qualität (Ladungsträgerbeweglichkeit: $> 10^4$ cm^2/Vs) darstellt.

2.2 Identifizierung von Graphenmonolagen

Bevor die Strukturierung und elektrische Kontaktierung der im vorigen Abschnitt erzeugten Graphenflocken beginnen kann, welche zum messfertigen Graphenfeldeffekttransistor führen, ist eine verlässliche Lokalisierung und Identifizierung geeigneter Graphenmonolagen und evtl. Bilagen auf den Si-Substraten notwendig. Dies geschieht komplementär sowohl durch optische Mikroskopie, welche im ersten Teil erläutert wird, als auch unterstützend durch Raman-Spektroskopie, welche die sichere und schnelle Identifikation von Graphenmonolagen erlaubt.

2.2.1 Optische Mikroskopie

In diesem Abschnitt wird ein Modell beschrieben, das die Sichtbarkeit monoatomaren Graphens im optischen Mikroskop erklärt. Betrachtet man Abbildung 2.2d, so sind dickere Graphitflocken als gelbe und dunkelblaue Objekte erkennbar. Diese Darstellung soll einen Eindruck vermitteln, wie eine Waferoberfläche nach der Graphenpräparation aussieht. Monoatomares Graphen ist in dieser Darstellung nicht sichtbar, da der Kontrast eines gedruckten Farbbildes nicht ausreicht. Im 8-bit Graustufenbild höherer Vergrößerung sind einzelne Monolagen hingegen deutlich erkennbar. Abbildung 2.3 zeigt ein solches Graustufenbild mit einer Graphenmonolage hoher Qualität.

Prinzipiell ist der optische Gangunterschied durch Graphen mit $d = 3{,}35$ Å viel kleiner als die Wellenlänge des sichtbaren Lichts. Somit kann ein Interferenzkontrast allein die Sichtbarkeit nicht erklären. Entscheidend ist die Kombination von Interferenz und Absorption. Externe Parameter, welche die Sichtbarkeit beeinflussen sind die Oxiddicke d_O des Wafers und die Wellenlänge λ des zur Beleuchtung verwendeten Lichts. Die vereinfachte optische Geometrie einer Graphenprobe ist in Abbildung 2.4 dargestellt. Daraus lässt sich für senkrechten Lichteinfall ein Modell ableiten, welches den beobachteten Kontrast einer Graphenmonolage erklären kann.

2.2 Identifizierung von Graphenmonolagen

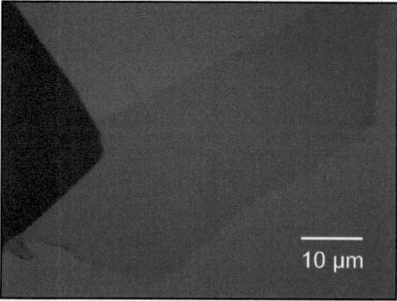

Abbildung 2.3: 8-bit Graustufenbild einer sehr großen Graphenmonolage präpariert nach der "Scotchtape"-Methode. Flocken dieser Größe treten mit einer Häufigkeit von < 2% auf.

Wie aus der Abbildung ersichtlich, muss man drei Grenzflächen betrachten: Luft und Graphen, Graphen und SiO$_2$ sowie SiO$_2$ und Si. Der Brechungsindex von Luft, $\tilde{n}_0$, ist näherungsweise wel-

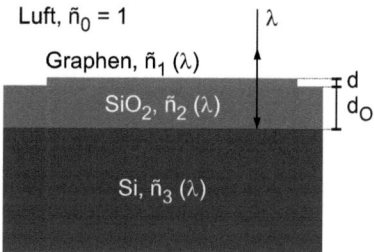

Abbildung 2.4: Geometrie von Graphen auf einem oxidierten Si-Substrat. $d = 3{,}35$ Å ist die Graphendicke und $d_O = 300$ nm ist die Dicke des SiO$_2$. Die Brechungsindizes $\tilde{n}_1$, $\tilde{n}_2$ und $\tilde{n}_3$ sind von der Wellenlänge λ abhängig, während jener von Luft, $\tilde{n}_0$, wellenlängenunabhängig ist. Das Modell gilt für senkrechten Lichteinfall.

lenlängenunabhängig. Für Graphen kann der komplexe Brechungsindex von Bulk-Graphit verwendet werden [83], da die optischen Eigenschaften des Graphits im Wesentlichen in den einzelnen Graphitebenen bestimmt werden und der Schichtaufbau senkrecht der Ebenen eine untergeordnete Rolle spielt. Sowohl dieser Brechungsindex als auch jener für SiO$_2$ und Si hängen von der Wellenlänge ab [84]. Durch letztere werden die Interferenzfarben oxidierter Si-Wafer vollständig bestimmt [85]. An jeder der drei Grenzflächen kann man die Reflektivität r_i nach den Fresnel-Formeln für den Spezialfall senkrechten Lichteinfalls mit

$$r_1 = \frac{\tilde{n}_0 - \tilde{n}_1}{\tilde{n}_0 + \tilde{n}_1} \quad r_2 = \frac{\tilde{n}_1 - \tilde{n}_2}{\tilde{n}_1 + \tilde{n}_2} \quad r_3 = \frac{\tilde{n}_2 - \tilde{n}_3}{\tilde{n}_2 + \tilde{n}_3} \tag{2.1}$$

angeben.

Trifft das Licht auf die Graphenoberfläche, so wird es an der ersten Grenzfläche (Luft/Graphen) teilweise reflektiert und teilweise absorbiert. Der transmittierte Anteil durchläuft das Graphen und erhält die Phase

$$\Phi_1 = \frac{2\pi \tilde{n}_1 d}{\lambda}. \tag{2.2}$$

An der zweiten Grenzfläche (Graphen/SiO$_2$) findet wieder eine Reflexion statt, wobei das SiO$_2$ als absorptionsfrei betrachtet wird (reeller Brechungsindex). Das Licht gewinnt beim Durchlauf des SiO$_2$ die Phase

$$\Phi_2 = \frac{2\pi \tilde{n}_2 d_O}{\lambda}. \tag{2.3}$$

An der dritten Grenzfläche (SiO$_2$/Si) wird das Licht nochmals reflektiert und teilweise vom Si absorbiert (komplexer Brechungsindex). Aus dem Modell kann dann mit den angegebenen Parametern die Intensität $\xi(\tilde{n}_1)$ des insgesamt reflektierten Lichts berechnet werden.

$$\xi(\tilde{n}_1) = \left| \frac{r_1 e^{i(\Phi_1+\Phi_2)} + r_2 e^{-i(\Phi_1-\Phi_2)} + r_3 e^{-i(\Phi_1+\Phi_2)} + r_1 r_2 r_3 e^{i(\Phi_1-\Phi_2)}}{e^{i(\Phi_1+\Phi_2)} + r_1 r_2 e^{-i(\Phi_1-\Phi_2)} + r_1 r_3 e^{-i(\Phi_1+\Phi_2)} + r_2 r_3 e^{i(\Phi_1-\Phi_2)}} \right|^2 \tag{2.4}$$

Details zur Herleitung finden sich in der Literatur zur Optik dünner Schichten [86].

Der beobachtete Kontrast $\tilde{C}$ ergibt sich schließlich aus der relativen Intensität des reflektierten Lichts vom Substrat ohne Graphen $\xi(1)$ zur Intensität $\xi(\tilde{n}_1)$ mit Graphen im optischen Pfad.

$$\tilde{C} = \frac{\xi(1) - \xi(\tilde{n}_1)}{\xi(1)} \tag{2.5}$$

Diese Argumentation zur Sichtbarkeit von Graphen ist an Blake et al. [87] angelehnt. Eine allgemeinere Herleitung für Monolagen und Bilagen wird in Abergel et al. [88] sowohl für Si/SiO$_2$ als auch für SiC-Substrate beschrieben. Zudem wurde von Nair et al. [89] gezeigt, dass die Absorption von transmittiertem Licht in Graphen mit der Feinstrukturkonstanten $\alpha = e^2/\hbar c$ verknüpft werden kann.

In Abbildung 2.5 ist der Verlauf des optischen Kontrastes $\tilde{C}$ von Graphen auf Si/SiO$_2$ in Abhängigkeit der SiO$_2$-dicke d_O und der Wellenlänge λ für Beleuchtung mit senkrechtem Einfall dargestellt. Aus der Abbildung 2.5 ist zu entnehmen, dass der optische Kontrast für eine Oxiddicke von 300 nm, wie sie in dieser Arbeit verwendet wird, bei gelber Beleuchtung ($\lambda = 600$ nm) maximal ist. Die Proben werden daher im optischen Mikroskop mit einem beleuchtungsseitigen Gelbfilter bei 500-facher Vergrößerung nach geeigneten Graphenmonolagen abgesucht. Potentielle Kandidaten werden mit dem bloßen Auge ausgewählt und als 8-bit Graustufenbild aufgenommen.

Abbildung 2.6a zeigt ein Graustufenbild einer Probe, die aus mehreren überlappenden Graphenlagen besteht. Die Unterscheidung zwischen Graphenmonolagen und Mehrfachlagen erfolgt dabei

2.2 Identifizierung von Graphenmonolagen

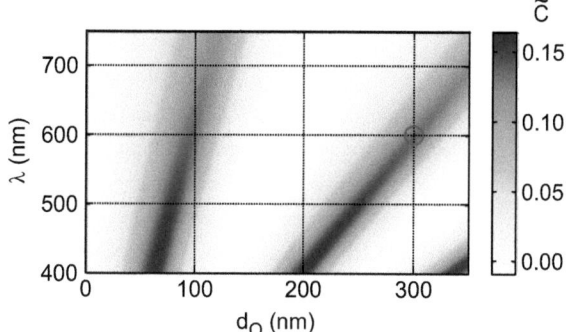

Abbildung 2.5: Kontrastverlauf von Graphen auf einem Substrat in Abhängigkeit der SiO$_2$-dicke d_O und der Wellenlänge λ der Beleuchtung. Der rote Kreis zeigt den Arbeitsbereich im Falle der hier verwendeten Wafer für gelbe Beleuchtung. Abbildung nach [87].

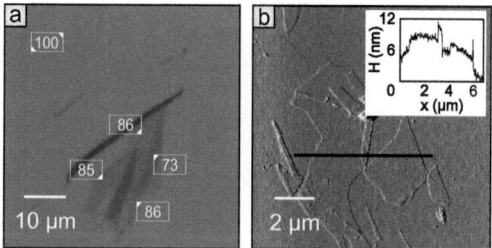

Abbildung 2.6: (a) Lichtmikroskopische Aufnahme von überlappenden Graphenmono und -bilagen zur Veranschaulichung der Charakterisierung mittels Kontrastwerten. Der Kontrastwert ändert sich vom Substrat (Kontrast = 100, normiert) über Graphenmonolagen (Kontrast = 86) zu Bilagen (Kontrast = 73) um einen konstanten Wert von ≈14%. (b) AFM-Aufnahme einer Graphenmonolage mit zugehörigem Linescan.

mittels Auswertung des Kontrastes, relativ zum Substrat, gemäß des oben beschriebenen Modells. Mit dieser Methode ist es möglich zwischen Monolagen und Bilagen zu unterscheiden, welche für Experimente zum elektrischen Transport besonders interessant sind. Dazu werden in einer Bildbearbeitungssoftware die lokalen Lichtintensitäten (0-255 Werte) $\xi(1)$ auf dem Substrat und $\xi(\tilde{n}_1)$ auf der Graphenflocke bestimmt. Der Kontrast ergibt sich, wie oben gezeigt, aus der Formel 2.5. In Abbildung 2.6a sind die Helligkeitswerte der verschiedenen Bereiche der Probe angegeben. Der Helligkeitswert des Substrates wurde auf 100 normiert. Graphenmonolagen ergeben einen um $\approx 14\%$ reduzierten Wert von 86. Die Helligkeit von Bilagen liegt mit 73 um $\approx 28\%$ niedriger. Diese Werte sind in guter Übereinstimmung mit dem oben beschriebenen theoretischen Modell, welches einen Kontrast von ca. 12% für Graphenmonolagen liefert. Bei der hier gezeigten Probe überlappen zwei Monolagen, daher ist der Bereich der Bilage genau bekannt. Die Monolagen können mittels Raman-Spektroskopie (s. nächster Abschnitt 2.2.2) eindeutig identifiziert werden. Abschließend sei noch anzumerken, dass in diesem Fall sogar ein AFM, hinsichtlich der Höhenauflösung, einem optischen Mikroskop unterlegen ist. Zur Bestimmung der Anzahl an Graphenlagen ist ein AFM unter Normalbedingungen ungeeignet, da ein chemischer Kontrast aufgrund adsorbierter Moleküle aus der Umgebung die Höhenauflösung drastisch reduziert. Zudem sitzt ein Teil der Adsorbate, vorwiegend Wasser, zwischen Substrat und Graphen.

Zur Veranschaulichung ist in Abbildung 2.6b eine AFM-Aufnahme einer Graphenmonolage mit dem zugehörigen Linescan gezeigt. Die Graphenmonolage von 3.35 Å Dicke wird im Linescan als 1-3 nm hohe Stufe gemessen. Eine Aussage über die Anzahl der Schichten ist somit nicht möglich. Weiterhin gibt es Anzeichen, dass AFM-Messungen auch im "tapping-mode" die Qualität der Graphenmonolagen negativ beeinflussen, da möglicherweise Defekte erzeugt werden. AFM wird in dieser Arbeit daher nur bei Bedarf und ausschließlich nach den eigentlichen elektrischen Messungen durchgeführt.

2.2.2 Raman-Spektroskopie

Um die im vorigen Abschnitt (2.2.1) beschriebene optische Detektion von Graphen zu unterstützen ist eine verlässliche Referenzmessung notwendig, da der gemessene optische Kontrast vom Substrat und der Lichtwellenlänge abhängt.

Graphenmonolagen können mittels Raman-Spektroskopie eindeutig identifiziert werden [90]. Dabei ist allerdings nur eine Abgrenzung zwischen Mono- und Multilagen eindeutig möglich. Die Unterscheidung zwischen Monolagen und Bilagen ist mittels geeigneter Fittings durchführbar aber aufwendig und fehlerbehaftet. Eine exakte Bestimmung der Lagenanzahl, größer zwei, ist anhand von Raman-Daten allein nicht möglich. Dies geschieht komplementär mittels optischer Mikroskopie, wie im vorigen Abschnitt gezeigt. Abbildung 2.7 zeigt Raman-Spektren einer Monolage und Multilage für die beiden relevanten Linien G (a) und D* (b). Die G-Linie bzw. der G-Peak ist eine Streck-

2.2 Identifizierung von Graphenmonolagen

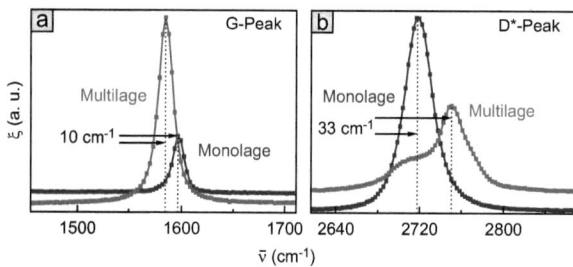

Abbildung 2.7: Raman-Spektren für den (a) G- und (b) D*-Peak, gemessen bei RT mit einer Anregungswellenlänge von 488 nm an einer Graphenmonolage (blaue Kurven) und einer Multilage (rote Kurven). ξ bezeichnet die relative Intensität des detektierten Lichts und $\bar{\nu}$ die Raman-Verschiebung. Die Lorentz-Form des D*-Peaks und seine Lage bei $\approx 2720\,\text{cm}^{-1}$ (für 488 nm Anregung) sind charakteristisch für Graphen. Bei Mehrfachlagen misst man eine deutlich verbreiterte asymmetrische und um etwa $33\,\text{cm}^{-1}$ blauverschobene Kurve. (nach [91])

schwingung der sp^2-hybridisierten Kohlenstoffatome entlang der Graphenebene und tritt sowohl in Graphen als auch in Graphit auf. Für Graphen besitzt der G-Peak keine Dispersion d.h. die Raman-Verschiebung ist unabhängig von der Anregungswellenlänge. Bei ungeordnetem Kohlenstoff tritt hingegen eine Dispersion auf [92]. Somit lässt sich aus der Wellenlängenabhängigkeit des G-Peaks bereits eine Aussage über die Ordnung des Systems machen. Da das Photon einen sehr kleinen Impuls hat, verglichen mit der Ausdehnung der BZ findet Raman-Streuung erster Ordnung im Zentrum der BZ am Γ-Punkt statt. An diesem Punkt gibt es sechs Normalschwingungen. Vier dieser Schwingungen sind Raman-inaktiv während nur die zwei entarteten optischen Phononen E$_{2g}$, deren zugehörige Normalschwingungen in der Graphenebene liegen, Raman-aktiv sind (s. Abbildung 2.8) und den G-Peak bedingen.

Abbildung 2.8: Raman-aktive Normalschwingung E$_{2g}$ in der Graphenebene. Diese erzeugt den G-Peak im Raman-Spektrum von Graphen.

Neben dem G-Peak tritt der so genannte D*-Peak in Graphen auf. Der D*-Peak entsteht bei einem Inter-Valley-Doppelresonanzprozess [93] durch zweimalige inelastische Streuung an einem Phonon. Der D*-Peak besitzt im Gegensatz zum G-Peak eine Dispersion also eine Abhängigkeit der Raman-Verschiebung von der Anregungswellenlänge. Zudem ist die Lage und Form des D*-Peaks abhängig von der Anzahl der Graphenlagen, wie in Abbildung 2.7, rechts deutlich erkennbar. Ein Lorentzförmiger D*-Peak bei $\approx 2720\,\text{cm}^{-1}$ (für $\lambda = 488\,\text{nm}$) ist charakteristisch für eine Graphenmonolage,

2 Probenpräparation

während Multilagen bzw. Graphit einen stark verbreiterten und um $\approx 33\,\text{cm}^{-1}$ verschobenen D*-Peak aufweisen. Zudem ist die Intensität des D*-Peaks bei Multilagen etwa 25 bis 40% kleiner. Zum vollständigen Nachweis kann zusätzlich der G-Peak betrachtet werden, welcher für frisch präparierte Monolagen bei $\approx 1590\,\text{cm}^{-1}$ liegt und etwa 40% der Intensität des um $\approx 10\,\text{cm}^{-1}$ verschobenen G-Peaks von Multilagen erreicht. Hierbei ist aber zu beachten, dass die Lage des G-Peak von der Ladungsträgerdichte bzw. Dotierung der Probe abhängt und daher nur zusammen mit dem D*-Peak in diesem Zusammenhang betrachtet werden darf.

Insgesamt ist die Raman-Spektroskopie eine gute Methode um Graphenmonolagen verlässlich zu identifizieren[1].

2.3 Herstellung von Graphentransistoren (GFETs)

In diesem Abschnitt wird die weitere Prozessierung der zuvor erzeugten Graphenflocken bis zu messfertig strukturierten, kontaktierten und gebondeten Transportproben erläutert. Zunächst ist die Erzeugung einer definierten Geometrie notwendig, um negative Einflüsse von verformten Rändern zu minimieren. Dieser Strukturierungsprozess mittels Plasmaätzen ist Gegenstand des ersten Teils. Abschließend wird die elektrische Kontaktierung der Graphenfeldeffekttransistoren (GFETs) mittels Elektronenstrahllithographie beschrieben.

2.3.1 Strukturierung definierter Geometrien

Das bisher beschriebene Präparationsverfahren liefert statistisch geformte Graphenflocken, als Grundlage für GFETs. Im Laufe der Untersuchungen zu dieser Arbeit hat sich gezeigt, dass der Probenrand bzw. die Symmetrie der Flocken einen großen Einfluss auf die Probenqualität bzw. die Qualität der Messung hat. Dazu wurde ein Verfahren entwickelt, um definierte Geometrien aus den statistisch geformten Flocken herzustellen. In Abbildung 2.9 sind die wesentlichen Prozessschritte dargestellt. Graphen lässt sich in einem Sauerstoffplasma ätzen, welches gewöhnlich zum Veraschen von Lackresten aus der Lithographie verwendet wird. Eine Ätzmaske aus Aluminium[2] wird in einem lithographischen Prozess auf die Probe strukturiert. Dazu wird ein konventioneller PMMA-Lack (120 nm PMMA 950K) verwendet, welcher auf der Graphenflocke, mittels Elektronenstrahl, mit einer "Hallbar-Geometrie" belichtet wird (Abbildung 2.9b, c). Die Probe wird entwickelt und mit 20 nm Aluminium thermisch bedampft (Abbildung 2.9d). Nach dem Lift-Off in n-Methylpyrrolidon

---

[1] Es ist aber zu beachten, dass längere Bestrahldauern auch bei kleinen Leistungen (1 mW) Defekte in Graphen erzeugen können [94].
[2] Aluminium wird verwendet, da es bei relativ niedriger Temperatur aufgedampft werden kann und sich zudem mit KOH wieder entfernen lässt.

2.3 Herstellung von Graphentransistoren (GFETs)

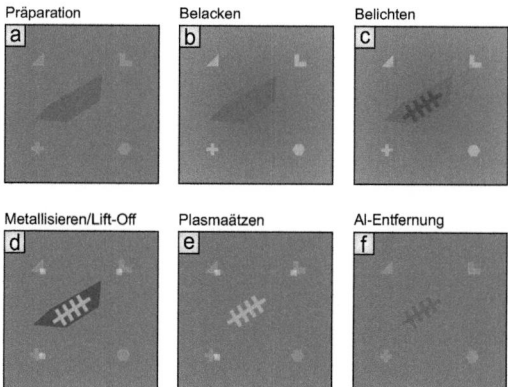

Abbildung 2.9: Schematischer Prozessablauf zur Herstellung definierter Geometrien aus Graphen mittels Metallmaske: (a) Präparation einer Graphenmonolage auf einem Si-Wafer wie oben beschrieben. (b) Belacken mit 120 nm PMMA 950k. (c) Elektronenstrahlbelichtung bei 20 kV und 35 pA. Flächendosis 310 µC/cm². (d) Thermisches Aufdampfen von 20 nm Aluminium und Lift-Off in NMP bei 55°C. (e) Ätzen im Sauerstoffplasma oder Argonplasma bei 200 W und 0,7 mbar. (f) Entfernen der Al-Maske in Kaliumhydroxidlösung 0,1 mol/l.

(NMP) und Aceton bei 55°C wird der unter der Al-Maske überstehende Flockenrand im Sauerstoffplasma (alternativ im Argonplasma) entfernt (Abbildung 2.9d, e). Das Aluminium selbst kann dann in Kaliumhydroxid (0,1 molare, wässrige Lösung) gelöst werden, während das Graphen hierbei unbeschädigt bleibt (Abbildung 2.9f). Somit erhält man eine Graphenhallbar definierter Geometrie (Abbildung 2.10a, b), welche wie im nächsten Abschnitt 2.3.2 beschrieben, mittels Elektronenstrahllithographie kontaktiert werden kann.

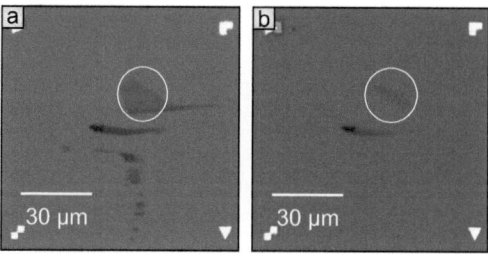

Abbildung 2.10: (a) Graphenmonolage vor der Strukturierung (roter Kreis). (b) Graphenhallbar nach Entfernung der Al-Maske (roter Kreis).

Definierte Geometrien erlauben eine genauere Aussage über den Stromverlauf am Rand der Probe und Geometriefaktoren sind exakt definiert, wenn gegenüberliegende Probenseiten parallel verlaufen.

2 Probenpräparation

Bei Messungen im Magnetfeld treten weniger Asymmetrien zwischen gegenüberliegenden Probenseiten auf, wie dies für unregelmäßig geformte Proben häufig der Fall ist. Ein Grund für asymmetrische Transportdaten im Magnetfeld [95] sind bspw. gefaltete/gebogene Ränder, welche zu einer räumlich veränderlichen Normalkomponente des Magnetfeldes am Rand führen. Die Strukturierung entfernt solche verformten und gefalteten Bereiche zuverlässig.

2.3.2 Kontaktierung mittels Elektronenstrahllithographie

Hat man nun Graphen nach dem zuvor beschriebenen Prozess präpariert und Flocken mit der gewünschten Lagenanzahl identifiziert und ggf. strukturiert, so können diese mittels Elektronenstrahllithographie kontaktiert werden. Das Prozessschema ist in Abbildung 2.11 gezeigt. Die Proben werden

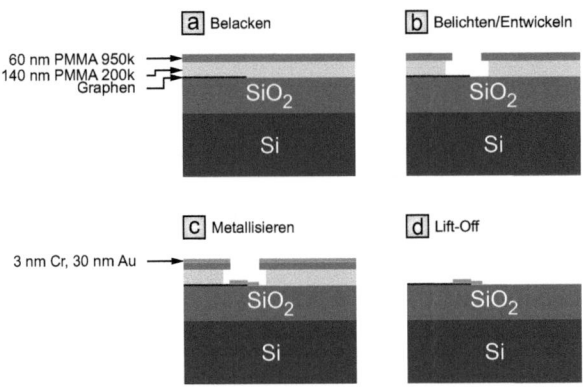

Abbildung 2.11: Prinzip der Elektronenstrahllithographie zur Kontaktierung von Graphen. (a) Belacken der Probe mit PMMA-Doppellack. (b) Belichten mit dem Elektronenstrahl (Spannung: 20 kV, Strom: 35 pA, Dosis: 310 μC/cm^2) und Entwickeln (MIBK/IPA 120 s, stoppen in IPA 60 s). Ein "undercut" bildet sich aufgrund der unterschiedlichen Elektronenempfindlichkeit der beiden PMMA-Schichten. (c) Metallisieren mit Cr(3 nm)/Au(30 nm). (d) Entfernen des PMMA ("Lift-Off").

mit einem 200 nm PMMA-Doppellack belackt. Die erste Lackschicht besteht aus PMMA 200k, welches aufgeschleudert wird (5 s bei 3000 min^{-1}, 30 s bei 8000 min^{-1}). Die zweite Schicht, PMMA 950k, wird mit identischen Parametern aufgebracht (s. Abbildung 2.11a). Jede Schicht wird bei 160°C für eine Stunde im Ofen ausgebacken. Mittels Elektronenstrahl wird die gewünschte Struktur in den Lack übertragen. Da PMMA 200k empfindlicher auf Elektronen reagiert als PMMA 950k entsteht nach dem Entwickeln (MIBK/IPA 120 s, stoppen in IPA 60 s) ein so genannter "undercut" (s. Abbildung 2.11b), welcher beim Metallisieren zu einer Abschattung an den Rändern führt (s. Abbildung 2.11c) und den "Lift-Off" (s. Abbildung 2.11d) erleichtert.

Als Kontaktmaterial wird eine Doppelschicht aus 3 nm Chrom und 30 nm Gold verwendet, wobei das

2.3 Herstellung von Graphentransistoren (GFETs)

Chrom als Haftvermittler dient. Die Metallisierung wird durch thermisches Verdampfen im Vakuum aufgebracht. Als entscheidend für die Qualität der Kontakte hat sich die Qualität des Vakuums während des Aufdampfens erwiesen. Vakua zwischen 10^{-6} und 10^{-5} mbar erlauben keine Herstellung verlässlicher Kontakte. Die Ausfallrate liegt bei mehr als 50%. Erst durch hinreichend langes Abpumpen ($p \ll 8 \cdot 10^{-7}$ mbar) kann eine Ausbeute funktionierender Kontakte von etwa 90% erzielt werden. Die Kontaktwiderstände liegen dann bei RT im Bereich einiger $100\,\Omega$. Vermutlich findet bei Drücken $> 10^{-5}$ mbar noch eine Oxidation des Chroms statt und verschlechtert so eine gute Kontakttransparenz.

Ein weiterer kritischer Punkt zur Verbesserung der Kontaktwiderstände ist die Entwicklungszeit. Die Entwicklungszeit von 120 s in MIBK/IPA liegt schon im Bereich einer leichten Überentwicklung. Damit ist sichergestellt, dass PMMA im entwickelten Bereich bestmöglich entfernt wird. Bei kürzeren Entwicklungszeiten konnten punktförmige PMMA-Reste in AFM- und SEM-Untersuchungen gefunden werden. Die erzielten Kontaktwiderstände lagen im Bereich einiger $10\,\mathrm{k\Omega}$, wobei häufig Kontaktausfälle vorkamen. Da die typische Strukturgröße der hier verwendeten Kontakte im Bereich > 200 nm liegt, ist eine leichte Überentwicklung nicht kritisch für die Strukturauflösung. Die Entfernung des Lacks ("Lift-Off") wird bei 55°C in NMP durchgeführt. Abbildung 2.12 zeigt die typische Geometrie einer fertig kontaktierten Probe. Die fertig kontaktierte Probe wird mit Leitsilber in einen 24-pin Chipcarrier eingeklebt und mittels Wedgebonding abschließend mit dem Chipcarrier verbunden.

2 Probenpräparation

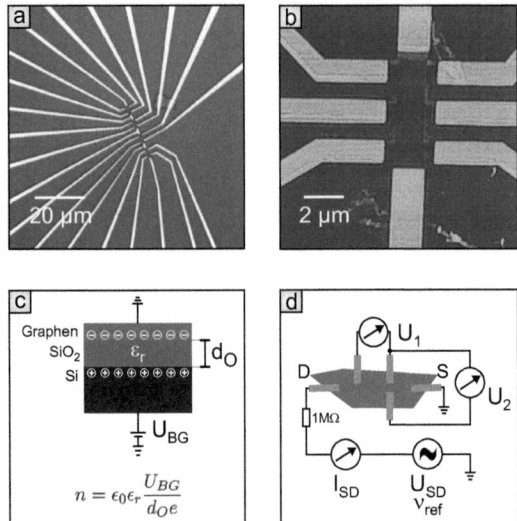

Abbildung 2.12: (a) Optische Mikroskopaufnahme einer kontaktierten Graphenprobe bei 1000-facher Vergrößerung. (b) AFM-Bild einer kontaktierten Graphenflocke, die zu einer Hallbar strukturiert wurde. (c) Skizze der vertikalen Geometrie einer typischen Probe. Die im Graphen induzierte Ladungsträgerdichte n ergibt sich aus der Kondensatorgeometrie der Probe (Formel in der Abbildung unten). U_{BG} ist die Backgate-Spannung, d_O die Dicke des SiO$_2$ und ϵ_0 bzw. ϵ_r die Dielektrizitätszahlen des Vakuum bzw. SiO$_2$. (d) Schematische Aufsicht auf einen kontaktierten GFET mit dem Schaltbild einer typischen Vierpunktanordnung zur Widerstandsmessung. D und S bezeichnen "drain" und "source", U_{SD} bzw. I_{SD} bezeichnen die Bias-Spannung bzw. den "source-drain"-Strom durch die Probe. Der Vorwiderstand von 1 MΩ ist viel größer als der maximale Probenwiderstand gewählt, um ein konstantes I_{SD} zu erhalten. Messgröße sind die Spannungen U_1 und U_2, welche in Lock-In-Technik mit der Referenzfrequenz ν_{ref} gemessen werden.

2.3.3 Einfluss verschiedener Graphite auf die GFET-Charakteristik

Nachdem die Herstellung von Graphenmonolagen aus natürlichem Graphit sowie ihre Identifikation, Strukturierung und elektrische Kontaktierung auf einem Si/SiO$_2$-Wafer möglich ist, soll nun das geeignetste Graphit-Ausgangsmaterial ermittelt werden. Kriterien für die Auswahl sind Spaltbarkeit, Ausbeute großer Flocken, nominelle Reinheit sowie die intrinsische Dotierung und Ladungsträgerbeweglichkeit der daraus gewonnenen Proben bei tiefer Temperatur. Zur Verfügung stehen sieben Graphite:

Graphittyp	Reinheit	Hersteller/Herkunft
Naturgraphit	unbekannt	China
aufgereinigte Graphit Flocken	99,9%	Alfa Aesar
HOPG	ZYA	SPI
HOPG	ZYA	Advanced Ceramics
Pyrolytisches Graphit	99,9%	MinTeq
Graphitfolie	>99%	MinTeq
Graphit Einkristalle	unbekannt	Universität Stuttgart

Tabelle 2.1: Übersicht verschiedener Graphite, die zur Graphenherstellung untersucht wurden.

Die Spaltbarkeit ist das erste Kriterium, welches über die Verwendbarkeit entscheidet. Hierbei scheiden das pyrolytische Graphit und die Graphitfolie bereits aus. Von ihnen lassen sich keine Graphitebenen abspalten, da sie eine zu ungeordnete Struktur besitzen. Alle übrigen 5 Graphite lassen sich leicht auf dem Klebeband spalten. Nach Aufbringung auf Si/SiO$_2$-Substrate zeigt sich jedoch eine sehr unterschiedliche Ausbeute und Größe der gewonnenen Flocken. Es werden je fünf Si/SiO$_2$-Substrate unter gleichen Bedingungen mit allen fünf Graphiten präpariert. Das HOPG von SPI scheidet bei diesem Kriterium aus, da auf keinem Substrat Graphenmonolagen gefunden werden, deren längste Seite 1 µm übersteigt. Die anderen Graphite ergeben mit einer Ausbeute von etwa 25%, Monolagen mit Flächen zwischen 25 und 70 µm^2. Tendenziell scheint HOPG von Adv. Ceram., hinsichtlich Regelmäßigkeit und Größe der erzeugten Flocken, die besten Resultate zu erzielen. Dies kann allerdings nicht zweifelsfrei verifiziert werden, da eine entsprechende Statistik zu diesem Zeitpunkt nicht gegeben ist. Es ist dennoch notwendig an dieser Stelle der Untersuchungen eine Entscheidung für ein bestimmtes Ausgangsmaterial zu treffen. Daher wird je eine Monolage aus jeder der vier verbleibenden Graphitsorten (China-Naturgraphit, Alfa Aesar Graphit, Adv. Ceram. HOPG, Graphiteinkristalle) kontaktiert, wie in Abschnitt 2.3.2 beschrieben. Die Proben werden daraufhin im Heliumbad ($T =$ 4,2 K) durch eine Messung des elektrischen Feldeffekts (FE) in Vierpunktgeometrie charakterisiert. Details zu dieser Messmethode sowie zu Eigenheiten des FE in Graphen werden in Kapitel 3 diskutiert. Hier soll zunächst eine Entscheidung für das beste Graphitmaterial getroffen werden, um die Präparation aller künftigen Proben damit durchzuführen. In Abbildung 2.13 ist das Resultat der FE-Messung für die vier Proben dargestellt.

2 Probenpräparation

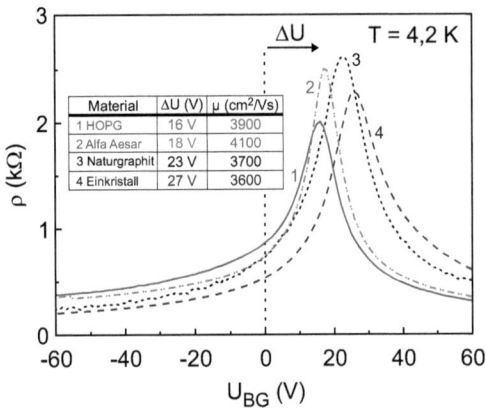

Abbildung 2.13: Widerstand ρ von Graphenmonolagen, die aus vier unterschiedlichen Graphiten präpariert wurden, in Abhängigkeit der Backgate-Spannung U_{BG}. Die Tabelle zeigt die Lage der Kurvenmaxima, ΔU, relativ zum Nullpunkt sowie die gemessenen Ladungsträgerbeweglichkeiten, μ, für die vier Proben.

Alle vier Proben zeigen den für Graphen typischen bipolaren Feldeffekt, welcher in Kapitel 3 detailliert diskutiert wird. Die intrinsische p-Dotierung, welche an der Verschiebung ΔU des Kurvenmaximums relativ zu $U_{BG} = 0$ ablesbar ist, liegt zwischen 16 V und 27 V. Ursache der p-Dotierung ist im Wesentlichen Ladungstransfer von molekularen Adsorbaten, welche aus der Umgebung und während der Prozessierung auf Graphen adsorbieren. Die genauen Mechanismen der intrinsischen p-Dotierung[3] von Graphen werden in Kapitel 4 untersucht. Neben der intrinsischen Dotierung ist die Ladungsträgerbeweglichkeit μ eine wichtige Kenngröße zur Charakterisierung einer Probe. In dieser Messung liegt μ bei $T = 4{,}2$ K für alle vier Proben bei $\approx 4000\,\text{cm}^2/\text{Vs}$ und damit in der erwarteten Größenordnung für unbehandelte Graphenmonolagen [2].

Insgesamt liegen die Abweichungen zwischen den Proben im Bereich der üblichen Schwankungen von frisch präparierten Graphenproben, wie sie auch bei Verwendung desselben Graphits für mehrere Proben auftreten.

Bezieht man die Beobachtungen aus der Präparation vieler weiterer Proben (> 20) mit in die Auswahlkriterien ein, so gelangt man zu HOPG von Adv. Ceramics als bestes zur Verfügung stehendes Ausgangsmaterial. Die Ausbeute für Flocken mit $l_{max} > 10\,\mu\text{m}^2$ liegt hier bei etwa 60%. Die größten Flocken haben Flächen von ca. $500\,\mu\text{m}^2$ und treten mit einer Ausbeute von ca. 2% auf. Für die meisten Transportexperimente sind Flockengrößen ab $10\,\mu\text{m}^2$ ausreichend.

---

[3] Der Begriff "intrinsisch" wird in der Halbleiterphysik für undotierte Halbleiter verwendet. In dieser Arbeit wird mit "intrinsischer Dotierung" die nach der Präparation einer Graphenprobe, aufgrund von Adsorbaten aus der Umgebung, unvermeidbare p-Dotierung bezeichnet.

2.3 Herstellung von Graphentransistoren (GFETs)

Aufgrund dieser Kriterien wird HOPG von Adv. Ceram. als Ausgangsmaterial für alle weiteren Proben in dieser Arbeit gewählt[4].

In diesem Abschnitt wurde gezeigt, dass die elektrischen Eigenschaften (v.a. die intrinsische Dotierung und Beweglichkeit) von Graphen nur wenig vom Graphitmaterial abhängen, welches zur Präparation verwendet wird. In Kapitel 4 wird auf den Einfluss von Adsorbaten auf die elektrischen Eigenschaften von Graphen detailliert eingegangen und weitere Möglichkeiten zur Verbesserung der Probenqualität diskutiert.

---

[4] HOPG von Adv. Ceram. wird auch 3 Jahre nach diesen Untersuchungen immer noch in unserer Arbeitsgruppe zur Graphenherstellung eingesetzt. In der Zwischenzeit getestete Alternativen, wie z.B. "NGS-Naturgraphit", konnten nicht überzeugen.

3 Elektronischer Transport in Graphen

In diesem Kapitel wird der elektronische Transport in Graphen ohne Magnetfelder betrachtet. Charakteristische Größen wie die intrinsische Dotierung n_i, der Dirac-Punkt (DP), die Ladungsträgermobilität μ, ein Kriterium für Ladungsträgerhomogenität Δn und die so genannte "minimal conductivity" σ_{min}, die im Verlauf dieser Arbeit häufig vorkommen, werden definiert und erläutert.

3.1 Bipolarer Feldeffekt in Graphenmonolagen

Für dieses Experiment wird eine Graphenmonolage verwendet, die zu einer Hallbar strukturiert wurde. Die Probenpräparation, Strukturierung und elektrische Kontaktierung wird so durchgeführt, wie in Kapitel 2 beschrieben. Zur Charakterisierung wird die Abhängigkeit des elektrischen Widerstandes R von der Ladungsträgerdichte n gemessen. Ein elektrisches Feld induziert Ladungsträger im 2DES und führt so zu einer erhöhten/verminderten Leitfähigkeit. Dieser so genannte "Feldeffekt" (FE) tritt in Graphen nur für hinreichend dünne Schichten auf. Da eine einzelne Graphenebene ein guter elektrischer Leiter ist, schirmt diese ein elektrisches Feld wie ein Metall ab. Für mehr als 10 Graphenschichten kann daher kein FE mehr beobachtet werden [2]. Bei den hier behandelten Monolagen tritt dagegen ein ausgeprägter FE auf. Daher kann die Ladungsträgerdichte mit einer Backgate-Spannung U_{BG} variiert werden, welche an das hochdotierte Si-Substrat angelegt wird. Die Ladungsträgerdichte n ergibt sich aus der Kondensatorgeometrie der Probe (s. Abbildung 2.12c in Abschnitt 2.3.2) und wird nur durch die Dicke d_O und die Dielektrizitätszahl ϵ_r[1] des Gate-Oxids bestimmt. Die Messung wird in Vierpunktgeometrie durchgeführt, wie aus der Probenskizze in Abbildung 3.1 rechts oben zu entnehmen ist, um Beiträge von Kontakt- und Leitungswiderständen zu vermeiden. Abbildung 3.1 zeigt die FE-Charakteristik der Probe bei 4,2 K. Anhand dieser Messung lassen sich bereits einige Besonderheiten des elektrischen Verhaltens von Graphen ablesen.

Der Widerstand weist ein Maximum von ca. 10 kΩ bei $U_{BG} \approx +4$ V auf und fällt mit sinkender

---

[1] ϵ_r ist u.a. von den Oxidationsbedingungen bei der Waferherstellung abhängig (Die Literaturwerte liegen zwischen 3,8 und 4,4, z.B.[96]). Das ϵ_r des SiO_2, der in dieser Arbeit verwendeten Wafer, wurde mittels Quantenhalleffektmessungen (Gegenstand des Kapitels 7) bestimmt. Die Oxiddicke der Wafer beträgt 300 nm. Aus dem Faktor zwischen angelegter Gate-Spannung U_{BG} und der Ladungsträgerdichte $n = 4eB/h$ in einem 4-fach entarteten Landauniveau bei festem Magnetfeld B, wurde das ϵ_r des Oxids zu 4,2 bestimmt. Dieser Wert wird in der gesamten Arbeit verwendet.

3 Elektronischer Transport in Graphen

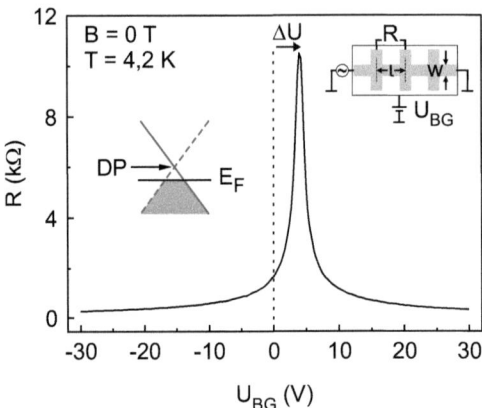

Abbildung 3.1: Bipolarer Feldeffekt in einer Graphenhallbar bei 4,2 K. Das Inset rechts oben zeigt die Probengeometrie. Auf der linken Seite ist die Lage der Fermi-Energie (E_F) relativ zum Dirac-Punkt (DP) für eine p-dotierte Graphenprobe dargestellt. Die Größe der intrinsischen p-Dotierung n_i kann an der horizontalen Verschiebung ΔU des Kurvenmaximums abgelesen werden. In diesem Fall ist $\Delta U = 4\,\mathrm{V}$ und entspricht einer p-Dotierung von $n_i \approx -0{,}3 \cdot 10^{12}\,\mathrm{cm}^{-2}$.

bzw. steigender Gate-Spannung in beide Richtungen schnell auf unter $1\,\mathrm{k\Omega}$ ab. Das Maximum entspricht dem Punkt verschwindender Ladungsträgerdichte ("Neutralitätspunkt"), also wenn die Fermi-Energie am DP zwischen Valenz- und Leitungsband liegt. In einem konventionellen Halbleiter sind Valenz- und Leitungsband durch eine Bandlücke getrennt, welche eine Zustandsdichte $D(E) = 0$ besitzt. Im undotierten Fall und ohne äußere Felder liegt die Fermi-Energie in der Mitte der Bandlücke. Bei $T = 0\,\mathrm{K}$ wäre der elektrische Widerstand unendlich. In Graphen hingegen verschwindet die Zustandsdichte nur genau am DP (vgl. Abschnitt 1.6). Bei Energien darüber oder darunter sind Zustände vorhanden, so dass in Graphen die kleinste Anregung genügt, um Ladungsträger vom Valenz- ins Leitungsband anzuheben und elektrischen Transport zu ermöglichen. Aus dieser qualitativen Argumentation wird plausibel, dass der elektrische Widerstand in idealem Graphen selbst bei sehr tiefen Temperaturen immer einen endlichen Wert haben muss[2]. Weiterhin muss man berücksichtigen, dass reale Graphenproben immer verschiedene Defekte (Adsorbate, "Ripples", Fehlstellen,...) enthalten, welche zu einer lokalen Änderung der Potentiallandschaft führen [97]. Die Fermi-Energie befindet sich lokal also selten exakt am DP und es befinden sich immer Ladungsträger in freien Zuständen. Aufgrund der fehlenden Bandlücke können dies sowohl Elektronen als auch gleichzeitig

---

[2] In einem konventionellen Halbleiter würde man aufgrund der Bandlücke einen sehr hohen Widerstand bzw. eine verschwindende Leitfähigkeit messen. Ein Feldeffekttransistor (FET) aus einer Graphenmonolage ist dagegen nicht abschaltbar, es gibt keine Schwellspannung und keinen "pinch off" wie bei einem Halbleiter-FET.

Löcher sein. Im Mittel kann die Ladungsträgerdichte daher verschwinden ("Neutralitätspunkt"), lokal wird aber immer eine Aufspaltung in so genannte Elektronen- und Lochpfützen vorliegen. Diese Ladungsfluktuationen von Graphenmonolagen am DP konnten in Kooperation mit der Gruppe von A. Yacoby experimentell durch Messung der räumlichen Variation des elektrostatischen Potentials Φ_{el} mittels eines "Scanning Single Electron Transistors" (SSETs) nachgewiesen werden [67]. Wegen der großen Bedeutung der Elektronen- und Lochpfützen für den Transport in Graphen, wird im nächsten Abschnitt detailliert auf deren Nachweis eingegangen.

Die Symmetrie der Kurve zeigt, dass Loch- und Elektronenleitung völlig symmetrisch sind. Aufgrund der fehlenden Bandlücke lässt sich zwischen beiden Leitungsregimen einfach mit der Gate-Spannung umschalten, was experimentell eine interessante Eigenschaft des Graphens bedeutet. Die Symmetrie zwischen Elektronen- und Lochleitung gilt allerdings nur für ideales Graphen oder Proben hoher Qualität, wie in diesem Fall. Später (Kapitel 4) wird sich zeigen, dass in realen Graphenproben, ohne besondere Behandlung, Asymmetrien zwischen Elektronen- und Lochleitung auftreten können, wenn geladene Störstellen involviert sind, wie sie von Adsorbaten verursacht werden.

In idealem Graphen erwartet man aufgrund der symmetrischen Bandstruktur den maximalen Widerstand bei einer induzierten Ladungsträgerdichte von null, also bei 0 V. Bei realem Graphen mit intrinsischer Dotierung liegt die Fermi-Energie am DP, wenn die induzierte Ladungsträgerdichte, n_{BG}, die intrinsische Dotierung, n_i, kompensiert. Das Inset, links in Abbildung 3.1 zeigt die vereinfachte Graphenbandstruktur mit der schematisch ins Valenzband verschobenen Fermi-Energie aufgrund intrinsischer Dotierung. Der im Experiment gemessene Offset, ΔU, der Backgate-Spannung von +4 V entspricht dieser Verschiebung und ist daher ein Maß für Betrag und Vorzeichen ("+" = p-Dotierung, "-" = n-Dotierung) der intrinsischen Netto-Dotierung einer realen Graphenmonolage. +4 V entsprechen einer Netto-Dotierung von $n_i \approx -0{,}3 \cdot 10^{12}$ cm^{-2}. Über die genaue Zahl an Dotierstoffen erlaubt dies aber keine Aussage, da n- und p-Dotierstoffe gleichzeitig vorliegen können und der gemessene Backgate-Offset nur die mittlere Verschiebung der Fermi-Energie relativ zum DP angibt.

3.2 Nachweis von Ladungsfluktuationen am Dirac-Punkt

Zum Nachweis von Fluktuationen der Ladungsträgerdichte in einem 2DES wird ein Einzelelektronentransistor (SET) verwendet, welcher ein ideal empfindliches Elektrometer darstellt. Dabei dient die Insel des Transistors als Sonde, welche über die Probenoberfläche geführt wird. Die Probenoberfläche, hier die Graphenmonolage, bildet dabei die Gate-Elektrode. Der Transistorstrom I wird durch Coulomb-Blockade bestimmt und hat daher einen periodischen Verlauf. Die Auswertung von Periodizität bzw. Phase der Coulomb-Blockade-Oszillationen erlaubt Aussagen über die kapazitive Kopplung bzw. über den Verlauf des elektrischen Feldes zwischen Probe (Gate) und Spitze (SET-

3 Elektronischer Transport in Graphen

Insel).

Der SET wird auf einer Glasfaser von ca. 100 nm Durchmesser durch geeignetes dreiseitiges Aufdampfen und gezieltes Oxidieren von Aluminium hergestellt[3]. Die Prozessierung erfolgt derart, dass die SET-Insel an der Faserspitze liegt und somit im Versuchsaufbau zur Probenoberfläche zeigt (s. Inset in Abbildung 3.2). Die Probe, eine kontaktierte Graphenmonolage, kann in x- und y-Richtung unter der SET-Spitze gerastert werden, wobei der Abstand in z-Richtung bei ca. 50 nm konstant gehalten wird. Da die Variation des Stroms im SET Auskunft über den Verlauf des elektrischen Feldes von der Probe zur SET-Spitze liefert, gewinnt man damit Information über das lokale elektrostatische Potential Φ_{el}. Durch Änderung der Ladungsträgerdichte n in der Probe mittels der Backgate-Spannung U_{BG}, kann die inverse Kompressibilität $1/\kappa$ bestimmt werden, welche ein Maß dafür ist, wie empfindlich das chemische Potential μ_c auf Änderungen der Ladungsträgerdichte n reagiert. Es gilt also:

$$\frac{1}{\kappa} = \frac{\partial \mu_c}{\partial n} \tag{3.1}$$

Für die experimentelle Bestimmung von $1/\kappa$ ist nun entscheidend, dass durch die untersuchte Probe kein Stromtransport stattfindet. Die Bedingung ist wichtig, damit sich die Probe im Gleichgewicht befindet. Das elektrochemische Potential μ_{elc} ist dann im Gleichgewicht mit dem Erdpotential der Probe (s. Abbildung 3.2, Inset) und es gilt die Beziehung

$$\mu_{elc} = e\Phi_{el} + \mu_c = 0. \tag{3.2}$$

Unter der Bedingung 3.2 ist $1/\kappa$ direkt mit der Änderung des elektrostatischen Potentials Φ_{el} gemäß

$$\frac{1}{\kappa} = \frac{\partial \mu_c}{\partial n} = -e\frac{\partial \Phi_{el}}{\partial n} \tag{3.3}$$

verknüpft. Weiterhin ist die Kompressibilität κ ein Maß für die Zustandsdichte an der Fermi-Kante, welche für ideales Graphen am DP, also bei $E = 0$, verschwindet (vgl. Kapitel 1, Abschnitt 1.6.3). Mit einem solchen SSET-Experiment lässt sich demnach die räumliche Änderung der Zustandsdichte vermessen, wenn die Ladungsträgerdichte n als zusätzlicher Parameter variiert wird. Alle Versuche dieser Art werden im Kryostaten bei 300 mK durchgeführt.

In Abbildung 3.2 ist zunächst eine Messung der inversen Kompressibilität $1/\kappa$ in Abhängigkeit der Ladungsträgerdichte n an einem festen Ort auf der Probe dargestellt. Aufgrund der linearen Bandstruktur von Graphen und der daraus folgenden energieabhängigen Zustandsdichte (s. Gleichung 1.9 in Abschnitt 1.6.3), weist auch die inverse Kompressibilität eine ungewöhnliche Dichteabhängigkeit sowie eine Singularität am Dirac-Punkt ($n = 0$) auf.

Die gemessene Kurve zeigt aber keine Singularität am Dirac-Punkt, sondern durchläuft ein Maximum

---

[3] Details zur Spitzenherstellung und der Messmethode sind in [98, 99] zu finden.

3.2 Nachweis von Ladungsfluktuationen am Dirac-Punkt

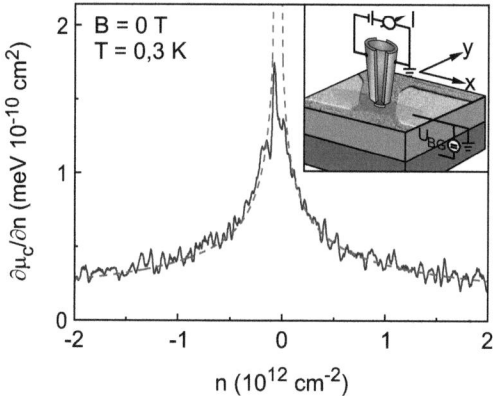

Abbildung 3.2: Inverse Kompressibilität $1/\kappa$ gemessen als Funktion der backgate-induzierten Ladungsträgerdichte n an einer festen Position auf der Probe. Das Inset zeigt den schematischen Aufbau des SSET-Experiments. Die Temperatur während der Messung beträgt 300 mK. Die rote Kurve ist ein Fit des kinetischen Anteils von $1/\kappa$ mit der effektiven Fermi-Geschwindigkeit $\vec{v}_{eff}$ als Fittingparameter, wobei $|\vec{v}_{eff}| = 1{,}1 \cdot 10^6 \pm 0{,}1 \cdot 10^6$ m/s ist.

ähnlich dem Widerstand im Feldeffekt (s. Abschnitt 3.1). Dies ist darauf zurückzuführen, dass aufgrund von Unordnung in einer realen Probe kein scharfer Punkt existiert, an dem die Zustandsdichte exakt verschwindet. Vielmehr gibt es einen Bereich kleiner Zustandsdichte um den Dirac-Punkt, ober- und unterhalb dessen die Zustandsdichte linear mit der Energie zunimmt.

Die Dichteabhängigkeit der inversen Kompressibilität kann durch den kinetischen Term im chemischen Potential

$$\hbar \vec{v}_{eff} \sqrt{\frac{\pi}{4|n|}} \qquad (3.4)$$

beschrieben werden, wobei $\vec{v}_{eff}$ eine effektive Fermi-Geschwindigkeit ist, welche Wechselwirkungsterme und Austauschanteile zusammenfasst, die in der Formel vernachlässigt werden. $\vec{v}_{eff}$ kann daher als Fittingparameter verwendet werden und mit dem theoretischen Wert aus Bandstrukturberechnungen verglichen werden. Dies gibt Aufschluss über die Größenordnung der Abweichung aufgrund der Vernachlässigung von Austausch- und Wechselwirkungstermen. Der aus dem Fitting ermittelte Wert für $|\vec{v}_{eff}|$ von $1{,}1 \cdot 10^6 \pm 0{,}1 \cdot 10^6$ m/s stimmt gut mit dem theoretischen Wert (z.B. [59]: $1{,}01 \cdot 10^6$ m/s) überein und weist darauf hin, dass in Graphen der kinetische Anteil im chemischen Potential gegenüber den Wechselwirkungstermen dominiert. Eine kürzlich erschienene theoretische Veröffentlichung von Abergel et al. [100] führt diese Tatsache einzig auf die lineare Dispersion und die Chiralität der Dirac-Fermionen in Graphen zurück. In GaAs/AlGaAs-Heterostrukturen wäre diese Vereinfachung bei kleinen Dichten nicht zulässig, da hier die Wechselwirkungsterme nicht vernachlässigt werden können [101].

3 Elektronischer Transport in Graphen

Da aus dem Fitting der inversen Kompressibilität (s. Gleichung 3.4), über die Lage der Singularität, die Position des Dirac-Punktes ermittelt werden kann, eignet sich diese Methode sehr gut zur Untersuchung räumlicher Ladungsfluktuationen. Erweitert man die Messung in einer Ortskoordinate, so lassen sich Fluktuationen bei kleinen Ladungsträgerdichten in der Nähe des Neutralitätspunktes beobachten. In Abbildung 3.3 ist die inverse Kompressibilität als Funktion von Backgate-Spannung und x-Position dargestellt. Die gepunktete Linie markiert die Position des Dirac-Punktes entlang der

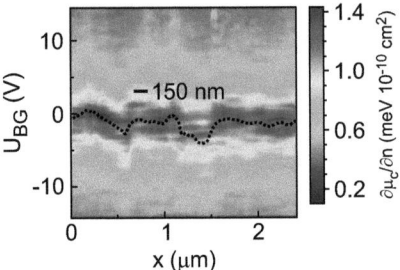

Abbildung 3.3: Fluktuationen des Dirac-Punkts einer Graphenmonolage auf einem Si/SiO_2-Substrat. Die gepunktete Linie gibt die Lage des Dirac-Punktes an, welche aus dem Fitting nach Gleichung 3.4 ermittelt wurde. Der Maßstab bezeichnet die kleinste Längenskala auf der Fluktuationen gemessen werden.

x-Richtung. Diese Probe hat eine intrinsische n-Dotierung mit $\Delta U \approx -1\,V$. Das bedeutet im ideal homogenen Fall wäre der Neutralitätspunkt bei -1 V und somit die Fermi-Energie am Dirac-Punkt. Die gepunktete Linie wäre dann eine Gerade, welche bei -1 V parallel zur x-Richtung verliefe. Hier sind nun aber deutliche Fluktuationen des Dirac-Punktes zwischen 0 V und -2 V zu sehen, welche auf Ladungsinhomogenitäten hinweisen. Die charakteristische Länge, auf der Fluktuationen gemessen werden ist durch die Auflösung des SETs auf 150 nm (eingezeichneter Maßstab) begrenzt, welche aus dem Durchmesser der Glasfaser von 100 nm und dem Abstand des SETs zur Probe (50 nm) resultiert. Bei der Interpretation der Messdaten muss daher immer berücksichtigt werden, dass es sich um eine Mittelung über 150 nm handelt, und die Fluktuation in Graphen auf kleineren Längenskalen (<150 nm) in Wahrheit eine größere Amplitude besitzen.

Um Informationen über die räumliche Verteilung der Fluktuationen ("electron-hole puddles") auf der gesamten Probe zu erhalten, kann man das elektrostatische Potential Φ_{el} direkt als Funktion der xy-Koordinaten messen. Das Messsignal ist die Spannung zwischen Spitze und Flocke, welche sich auf Erdpotential befindet. Das elektrostatische Potential Φ_{el} hängt direkt mit der Ladungsträgerdichte unter der Spitze zusammen und enthält daher nicht nur Anteile aus der Graphenflocke selbst sondern auch sämtliche Einflüsse von geladenen Störstellen auf und unter der Flocke. Stellt man mittels Backgate eine hohe Ladungsträgerdichte in der Graphenflocke ein, so nimmt deren Abschirmvermögen ("screening") zu und die Potentiallandschaft in der Flocke ist unbeeinflusst von

3.2 Nachweis von Ladungsfluktuationen am Dirac-Punkt

geladenen Störstellen außerhalb. Potentialfluktuationen, welche dann vom SET detektiert werden, können nur direkt von geladenen Störstellen auf der Flocke stammen. Führt man also einen zweidimensionalen SET-Scan für eine hohe sowie eine niedrige Ladungsträgerdichte durch, so lässt sich der Potentialverlauf aufgrund geladener Störstellen aus dem Messsignal herausrechnen und nur die Potentialfluktuationen im Graphen selbst untersuchen.

Für die Messung bei niedriger Dichte wird die Backgate-Spannung gewählt, welche dem Neutralitätspunkt und damit einer mittleren verschwindenden Ladungsträgerdichte entspricht. Diese kann mit einer mittelnden nicht lokalen Methode, bspw. der Feldeffektcharakteristik (vgl. Abschnitt 3.1), bestimmt werden und liegt für die hier untersuchte Probe bei $\Delta U = -1\,\text{V}$. Das Ergebnis dieses Mappings der Potentiallandschaft ist eine zweidimensionale Darstellung der Fluktuationen der Ladungsträgerdichte am Neutralitätspunkt in Graphen (Abbildung 3.4a). Wie in der Abbildung zu

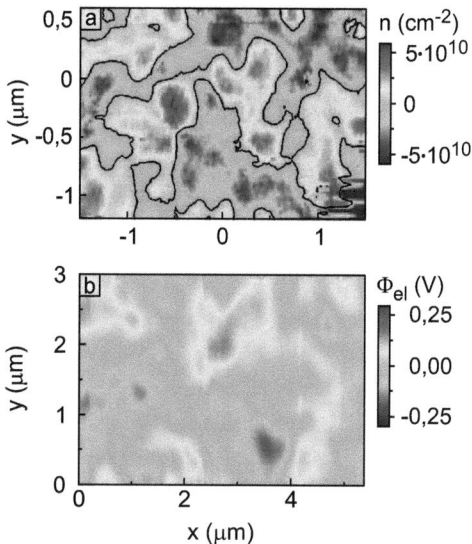

Abbildung 3.4: (a) Lokale Dichtefluktuationen ("electron-hole puddles") am Neutralitätspunkt einer Graphenmonolage auf einem Si/SiO$_2$-Substrat. Die roten bzw. blauen Bereiche entsprechen Gebieten mit erhöhter Elektronen- bzw. Lochdichte. Entlang der schwarzen Konturlinien ist die lokale Ladungsträgerdichte null. (b) Variation des Oberflächenpotentials Φ_{el} auf einem Substrat ohne Graphen. Die Potentialfluktuation ist mindestens eine Größenordnung kleiner als in Abbildung a.

erkennen ist, verschwindet die Ladungsträgerdichte am Neutralitätspunkt nicht homogen, sondern spaltet in Pfützen[4] von einigen 100 nm Größe auf, welche entweder Elektronen oder Löcher enthalten. Im Mittel kompensieren sich die Bereiche unterschiedlichen Vorzeichens genau zur mittleren

---
[4] In Analogie zum Begriff des Fermi-Sees.

Dichte von null, wie sie bspw. im elektrischen Feldeffekt gemessen wird. Die statistische Analyse des 2D-Plots ergibt eine Gaußverteilung um den Nullpunkt der Dichteachse und die Standardabweichung der Gaußfunktion liefert für die Größe der Dichtefluktuationen $\Delta n = 2 \cdot 10^{10}$cm^{-2}. Bei diesem Wert ist zu berücksichtigen, dass die Ortsauflösung des SET bei ca. 150 nm liegt (s. oben) und daher der gemessene Wert eine Mittelung über diesen Bereich darstellt. Die Dichtefluktuationen sind lokal also noch wesentlich größer.

Um zu belegen, dass die Fluktuationen tatsächlich von der Graphenflocke selbst stammen und nicht durch geladene Störstellen im Substrat verursacht werden, wurden Referenzmessungen auf der Substratoberfläche durchgeführt. Das Ergebnis ist in Abbildung 3.4b dargestellt. Da in diesem Fall keine Kompressibilität definiert ist, kann die Messung nicht in Einheiten von Ladungsträgerdichte angegeben werden sondern direkt als Messsignal in Volt. Die Ladungsfluktuationen des Substrates würden im Graphen eine Dichtefluktuation mit einer Amplitude von $\approx 1\cdot 10^9$cm^{-2} erzeugen und liegen damit mindestens eine Größenordnung niedriger als die gemessenen Fluktuationen im Graphen. Als Ursache für die Fluktuationen in Graphen kommen Verunreinigungen durch Lackreste von der Prozessierung, molekulare Adsorbate, strukturelle Verzerrungen aufgrund von Substratrauigkeit sowie die intrinsische Riffelung des Graphens (s. Abschnitt 1.3) in Frage. Obwohl die genauen Mechanismen noch nicht geklärt sind, ist es sehr wahrscheinlich, dass molekulare Adsorbate eine große Rolle bei der Entstehung von Ladungsinhomogenitäten in Graphen spielen. Hinweise darauf liefern Transportexperimente in variablen Gasatmosphären bzw. Vakuum, welche Gegenstand der folgenden beiden Kapitel 4, 5 sind.

Elektronisch stellen die Elektronen- und Lochpfützen statistisch verteilte pn-Übergänge dar, welche durch schmale Bereiche (schwarze Linien in Abbildung 3.4a) mit verschwindender Ladungsträgerdichte separiert sind. Aufgrund der Ladungskonjugationssymmetrie in Graphen und der Abwesenheit von Reflexion an pn-Übergängen (s. "Klein-Tunneln" in Abschnitt 1.6) stellen die pn-Grenzen zwischen den Inhomogenitäten kein Hindernis für elektrischen Transport dar. Das bedeutet, dass bei einer Erhöhung der Amplitude der Potentialfluktuationen bspw. durch Erzeugung geladener Störstellen eine zunehmende Leitfähigkeit auftritt, obwohl die Ladungsträgerdichte im Mittel verschwindet. Eigentlich würde man bei zunehmender Inhomogenität intuitiv eine abnehmende Leitfähigkeit erwarten. Weiterhin ist für die Leitfähigkeit des Netzwerks von Elektronen- und Lochpfützen, neben dem Betrag der Ladungsträgerkonzentration in jeder Pfütze, die Verknüpfung der Pfützen untereinander entscheidend. Mehr Details finden sich bei Cheianov et al. [102], welche mit der Simulation eines "random resistor networks" den Einfluss eines komplex vernetzten Systems von Elektronen- und Lochpfützen auf die Transporteigenschaften von Graphen nachbilden konnten. So bestimmt die Potentiallandschaft am Neutralitäts- bzw. Dirac-Punkt die untere Grenze der Leitfähigkeit, die so genannte "minimal conductivity" σ_{min}, einer Graphenprobe. Im Experiment zeigt sich, dass σ_{min} bei Proben hoher Qualität bzw. großer Reinheit klein ist, weil die lokalen Dichtefluktuationen gering sind. Chemische Dotierung kann Dichtefluktuationen erhöhen und führt daher zu einem steigenden σ_{min} (vgl. Abschnitt 5.3, Abbildung 5.7).

Insgesamt hat die Entdeckung der Ladungsfluktuationen am Dirac-Punkt zusammen mit entsprechenden theoretischen Arbeiten die Vorstellung widerlegt, dass die "minimal conductivity" ein universeller Wert ist, welcher nur durch das Graphen selbst bestimmt wird [18, 103]. In der Anfangszeit der Graphenforschung wurde oft damit argumentiert, dass σ_{min} gegen das universelle Leitfähigkeitsquantum $4e^2/h$ streben müsse [25]. Tatsächlich liegt σ_{min} meist zwischen $2e^2/h$ und $10e^2/h$ aber auch Werte außerhalb dieses Intervalls werden beobachtet. Neben der "minimal conductivity" wird vermutlich auch die Ladungsträgermobilität μ von Potentialfluktuationen beeinflusst. Dieser Vorstellung widerspricht allerdings, dass durch Ausheizen von Graphenproben im Vakuum (s. Abschnitt 4.3) zwar die "minimal conductivity" zurückgeht, die Mobilität aber nicht signifikant zunimmt. Kurzreichweitige Punktdefekte oder auch stark gebundene Adsorbate könnten hier u.a. zu einer Limitierung der Mobilität führen (s. hierzu Kapitel 6).

Im nächsten Abschnitt wird die Berechnung der Ladungsträgermobilität μ für Graphen diskutiert und σ_{min} sowie Δn, welches ein weiterer Indikator für die Größe von Ladungsfluktuationen ist, aus den Feldeffektdaten einer realen Probe abgeleitet.

3.3 Ladungsträgermobilität, "Minimal conductivity" und Störstellen

Berechnet man die spezifische Leitfähigkeit σ aus den Feldeffektdaten $R(U_{BG})$, Abbildung 3.1 und der Probengeometrie (s. Inset, rechts oben in Abbildung 3.1, mit $w/l = 0{,}75$) gemäß

$$\sigma = \frac{1}{R}\frac{l}{w} \tag{3.5}$$

und trägt über der Ladungsträgerdichte n auf, so lässt sich die Ladungsträgermobilität μ direkt aus der Steigung der Kurve ableiten. Die Ladungsträgermobilität μ kann nach dem "Drude-Modell" abgeleitet werden. Sie ist definiert als Proportionalitätskonstante zur Verknüpfung der mittleren Geschwindigkeit $<\vec{v}>$, die ein Ladungsträger im elektrischen Feld $\vec{E}$ erreicht:

$$<\vec{v}> = \mu\vec{E}. \tag{3.6}$$

Die spezifische Leitfähigkeit σ ist über die Ladungsträgerdichte n und die Elementarladung e linear mit der Mobilität μ verknüpft:

$$\sigma = ne\mu. \tag{3.7}$$

3 Elektronischer Transport in Graphen

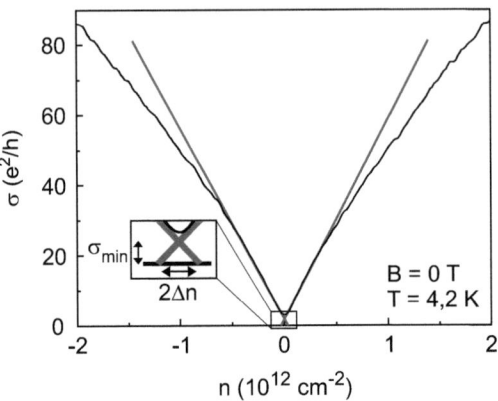

Abbildung 3.5: Spezifische Leitfähigkeit σ in Abhängigkeit von der Ladungsträgerdichte n. Die roten Geraden verdeutlichen die Abweichung der Leitfähigkeit von der Linearität bei hohen Dichten. Die Mobilität liegt bei $\approx 10000\,\text{cm}^2/\text{Vs}$ und ist in der typischen Größenordnung für Graphenmonolagen ohne weitere Behandlung. Im Inset links ist der Bereich am DP vergrößert dargestellt. Die "minimal conductivity" σ_{min} dieser Probe liegt bei $\approx 3\,e^2/h$. $\Delta n \approx 3{,}6\cdot 10^{10}\,\text{cm}^{-2}$ bezeichnet den Bereich, in dem eine Mischung zwischen Elektronen- und Lochleitung vorliegt ("electron-hole puddles" [67]). Bei Ladungsträgerdichten rechts bzw. links dieses Bereichs dominiert Elektronen- bzw. Lochleitung.

Dieser Zusammenhang gilt streng nur in ideal reinen Proben oder solchen, die ausschließlich Coulomb-Störstellen enthalten. Bei realen Proben treten dagegen meist Abweichungen vom linearen Verhalten auf, wie in Abbildung 3.5 zu sehen. Die roten Geraden sind ein linearer Fit an den Kurvenbeginn bis zu einer Dichte von $|0{,}5\cdot 10^{12}|\,\text{cm}^{-2}$. Bei höheren Dichten weicht $\sigma(n)$ vom linearen Verlauf ab. Dies ist auf kurzreichweitige Punktdefekte zurückzuführen, die bei hohen Dichten dominieren. Der Einfluss langreichweitiger Coulomb-Störstellen wird bei hohen Ladungsträgerdichten abgeschirmt [104–106]. Der Wert an dem sublineares Verhalten beginnt, kann als Maß für das Verhältnis zwischen langreichweitigen Coulomb-Störstellen und kurzreichweitigen Punktdefekten betrachtet werden. Der Kreuzungspunkt wandert mit steigender Punktdefektkonzentration zu kleineren Dichten [107]. Umgekehrt bedeutet dies, dass nur bei Proben mit einer geringen Konzentration an Coulomb-Störstellen, die Abweichung von der Linearität überhaupt sichtbar ist.

Für die Bestimmung der Ladungsträgermobilität aus der FE-Charakteristik werden in der Literatur mehrere Ansätze verwendet [29, 108]. Meist wird $\frac{\sigma}{n\cdot e}$ bei einer festen Ladungsträgerdichte zum Vergleich von unterschiedlichen Proben verwendet. Für die hier untersuchte Probe ergibt sich daraus, für $2\cdot 10^{12}\,\text{cm}^{-2}$, eine Mobilität von $\approx 10000\,\text{cm}^2/\text{Vs}$. Bestimmt man die Ladungsträgermobilität der Probe aus der Steigung der roten Geraden, welche die Anfangssteigung der FE-Kurve bei kleinen Dichten $<|0{,}5\cdot 10^{12}|\,\text{cm}^{-2}$ wiedergibt, erhält man eine Mobilität für Elektronen als auch für Löcher von $\approx 12000\,\text{cm}^2/\text{Vs}$. Dieser Wert kann als obere Abschätzung betrachtet werden, da die Abflachung

3.3 Ladungsträgermobilität, "Minimal conductivity" und Störstellen

der FE-Kurve bei höheren Dichten aufgrund von Punktdefekten hier nicht eingeht. Eine weitere Methode, welche manchmal in der Literatur verwendet wird [29], ist die Berechnung der differentiellen Mobilität $\frac{1}{e}\frac{\partial \sigma}{\partial n}$. Dieser Ansatz ist allerdings nur zulässig, wenn die Mobilität streng linear verläuft, d. h. wenn in der Probe nur langreichweitige Coulomb-Störstellen vorliegen, was in der Regel nicht erfüllt ist. In dieser Arbeit wird die Mobilität in Graphen immer nach der ersten Methode für eine feste Ladungsträgerdichte von $2 \cdot 10^{12}$ cm^{-2} bestimmt, um Vergleichbarkeit zu gewährleisten[5].

Bei der hier untersuchten Probe ergeben sich gleiche Mobilitäten für Elektronen und Löcher, was aufgrund ihrer Verknüpfung im Dirac-Formalismus (s. Abschnitt 1.6) nicht verwunderlich ist. Es soll an dieser Stelle aber betont werden, dass dies für reale Proben nicht selbstverständlich ist sondern von Adsorbaten beeinflusst werden kann (s. Kapitel 4), welche zu einer Asymmetrie der Mobilitäten von Elektronen und Löchern führen. Zudem ist nicht geklärt, welche Arten von Defekten bzw. welche Mechanismen die Ladungsträgermobilität in Graphen generell limitieren.

Neben der Mobilität können noch zwei weitere Größen aus der Leitfähigkeitskurve $\sigma(n)$ abgelesen werden und zur Charakterisierung der Transporteigenschaften von Graphen verwendet werden. In der Nähe des Neutralitäts- oder Dirac-Punktes (Inset, links unten in Abbildung 3.5) lassen sich Δn und σ_{min} definieren. σ_{min} ist die oben bereits genannte "minimal conductivity", deren Absolutwert neben der mikroskopischen Potentiallandschaft (Abschnitt 3.2) auch von der Probengeometrie (Aspektverhältnis) abhängen kann [18, 109].

Die Extrapolation der Leitfähigkeitskurve auf die x-Achse (gelbe Geraden) bildet das Intervall Δn, welches als Kriterium für die Homogenität der Probe verwendet werden kann. Für diese Probe ist $\Delta n \approx 3{,}6 \cdot 10^{10}$ cm^{-2}. Δn kann verwendet werden, um die Homogenität unterschiedlicher Proben zu vergleichen, wenn die Transportmessung in gleicher Weise durchgeführt wird. Da es sich bei Transportmessungen um ein mittelndes Verfahren handelt, gibt Δn keine Auskunft über die absolute Größe lokaler Inhomogenitäten. Die Amplitude der lokalen Dichtefluktuationen ist mindestens eine Größenordnung höher, wie auch bei den SSET-Experimenten in Abschnitt 3.2 deutlich wurde. Über 150 nm gemittelt ist Δn im SSET-Experiment etwa $2 \cdot 10^{10}$ cm^{-2} (SSET ohne Magnetfeld) während auf einer Skala von 30 nm die Amplitude bei $2 \cdot 10^{11}$ cm^{-2} liegt (SSET im Magnetfeld) [67] . Chemische Dotierung und der Einfluss von Adsorbaten auf Graphen sind Gegenstand der folgenden Kapitel 4 und 5. Kapitel 6 behandelt Experimente zur Erzeugung künstlicher Defekte bzw. stark gebundener Adsorbate in Graphen.

---

[5] In [108] kommentieren Hwang et al. die Problematik der verschiedenen Ansätze zur Mobilitätsbestimmung in Graphen.

4 Einfluss von Adsorbaten auf reale Graphenproben

Nachdem in Kapitel 3 die wesentlichen Merkmale des elektronischen Transports in Graphen exemplarisch an einer strukturierten Monolage hoher Qualität (d.h. niedrige Dotierung, hohe Mobilität) beschrieben wurden, soll in diesem Kapitel der Einfluss molekularer Adsorbate auf Graphen näher betrachtet werden. So werden die elektrischen Eigenschaften von Graphen sehr stark von diesen beeinflusst [29, 108, 110–116]. Die Adsorbate können an der Graphenoberfläche oder zwischen Graphen und Substrat sitzen, sowie an ungesättigten Bindungen am Rand der Flocke.

4.1 Modell der Adsorption auf Graphen

Zunächst soll eine ideale unendlich ausgedehnte Graphenmonolage betrachtet werden. Diese bietet drei verschiedene Positionen an denen ein Molekül adsorbieren kann (s. Abbildung 4.1): Position A ist direkt an einem C-Atom, wobei hier eine Wechselwirkung mit dem π-Orbital denkbar ist. Position B ist an der C-C Bindung. Die dritte Möglichkeit (Z) ist die Adsorption im Zentrum eines Hexagons. In Abbildung 4.1 wird speziell das Wassermolekül betrachtet, da es besonders großen Einfluss auf die elektrischen Eigenschaften von Graphen hat und unter Normalbedingungen unvermeidbar ist. Bei der Adsorption an einer der genannten Positionen A, B und Z kann das Wassermolekül zusätzlich vier unterschiedliche Orientierungen einnehmen. Diese sind in Abbildung 4.1 mit u (H-Atome "up"), d (H-Atome "down"), p (Molekül parallel zur Graphenebene) und v ("verkippt") bezeichnet.

Insgesamt ergeben sich so 12 mögliche Konfigurationen bei der Wasseradsorption auf Graphen. Theoretische Berechnungen mittels Dichtefunktionaltheorie (DFT) [112] liefern die Bindungsenergien für die jeweiligen Konfigurationen und erlauben eine Abschätzung, welche Konfiguration bevorzugt wird. Zudem lassen sich aus der Struktur der Molekülorbitale Aussagen treffen, ob und in welche Richtung ein Ladungstransfer zwischen Molekül und Graphen stattfindet. Allgemein entscheidet die Lage vom Highest Occupied Molecular Orbital (HOMO) bzw. Lowest Unoccupied Molecular Orbital (LUMO) des Adsorbates (hier Wasser) relativ zur Lage der Fermi-Energie des Adsorbenten (hier Graphen), in welche Richtung Ladung transferiert wird. Liegt das HOMO des Adsorbates über der Fermi-Energie des Adsorbenten, wird Ladung zum Adsorbenten übertragen. Das Adsorbat ist ein Donor. Liegt das

4 Einfluss von Adsorbaten auf reale Graphenproben

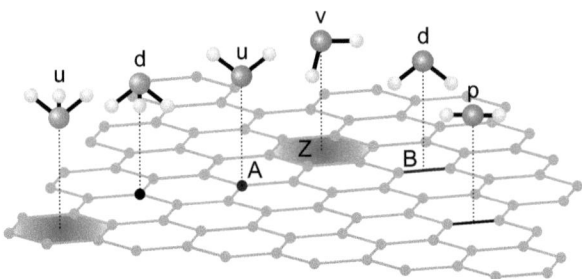

Abbildung 4.1: Mögliche Positionen zur Adsorption von Wasser (rot) auf Graphen. A: An einem C-Atom, B: An einer C-C Bindung, Z: Im Zentrum eines Hexagons. Das Wassermolekül selbst kann vier (u, v, d, p) unterschiedliche Orientierungen einnehmen. Jede dieser Orientierungen kann an den drei Adsorptionspunkten A, B, Z realisiert werden. Somit ergeben sich 12 mögliche Konfigurationen. Zum Vergleich ist links Ammoniak (grün) dargestellt, welches später in Kapitel 5, Abschnitt 5.2 diskutiert wird.

Position	Orientierung	E_a(meV)	d(Å)	ΔQ(e)
B	u	18	3,70	0,021
A	u	19	3,70	0,021
Z	u	20	3,69	0,021
B	p	24	3,55	0,013
A	p	24	3,56	0,015
Z	p	27	3,55	0,014
B	d	18	4,05	-0,009
A	d	19	4,05	-0,009
Z	d	19	4,02	-0,010
Z	**v**	**47**	**3,50**	**-0,025**

Tabelle 4.1: Bindungsenergien E_a, Bindungsabstände d und Ladungstransfer ΔQ für H$_2$O in Abhängigkeit der Adsorptionsposition (A, B, Z) und -orientierung (u, p, d, v) auf Graphen basierend auf DFT-Berechnungen nach [112] (zur Definition der Positionen und Orientierungen s. Abbildung 4.1).

4.1 Modell der Adsorption auf Graphen

LUMO unter der Fermi-Energie, nimmt das Adsorbat Ladung auf (Akzeptor). Im Falle idealen Graphens liegt die Fermi-Energie am Dirac-Punkt bei 0 eV. Da Graphen zudem keine Bandlücke besitzt ist ein Ladungstransfer sowohl von Löchern als auch von Elektronen möglich. Aus Tabelle 4.1 kann man entnehmen, dass die Position Z bei v-Orientierung, (Z, v), des Wassermoleküls die energetisch bevorzugte Konfiguration ist (letzte Zeile der Tabelle, fett dargestellt). Hierbei wird vorausgesetzt, dass keine äußeren Felder auf den Dipol des Wassers einwirken. Mit 47 meV ist die Bindungsenergie deutlich höher als für die anderen Konfigurationen. Dies kann damit erklärt werden, dass in dieser Position jedes Sauerstoffatom mit einem Wasserstoffatom in einer Ebene liegt, was zur Ausbildung von Wasserstoffbrücken führen kann. Auch in der Orientierung p liegen Sauerstoff und Wasserstoff in einer Ebene. Wasserstoffbrücken können also auch hier auftreten, weshalb die Bindungsenergie mit 24 bis 27 meV für alle drei p-Orientierungen höher liegt als für u und d (s. Tabelle 4.1) ohne Wasserstoffbrückenbindung. Der Unterschied zwischen der p-Orientierung und der v-Orientierung liegt damit nur in der Position des zweiten Wasserstoffatoms, welches in der v-Orientierung zum Graphen zeigt und damit diese Position als energetisch günstigste auszeichnet. Ein Überlapp des LUMO mit den π-Orbitalen des Graphens führt zu einem Ladungstransfer. Der berechnete Wert ΔQ von $-0,025e$ bedeutet, dass das Wassermolekül als Elektronenakzeptor fungiert und das Graphen somit p-dotiert. Zur Unterstützung dieser Betrachtung sind in Abbildung 4.2 die Molekülorbitale für Wasser dargestellt. Anhand der Form und Lage der Molekülorbitale lässt sich sofort nachvollziehen,

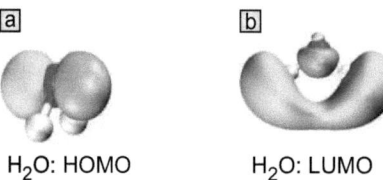

H_2O: HOMO $\qquad$ H_2O: LUMO

Abbildung 4.2: Molekülorbitale von Wasser: (a) HOMO, (b) LUMO. Die Atome des Wassermoleküls sind rot (Sauerstoff) bzw. weiß (Wasserstoff) dargestellt. Gelb und grün bezeichnen die unterschiedlichen Vorzeichen der Orbital-Wellenfunktion [112].

wie das Vorzeichen des Ladungstransfers in Tabelle 4.1 für eine gegebene Adsorptionsposition zustande kommt. Je nachdem, ob das HOMO oder LUMO zum Graphen gerichtet ist agiert Wasser als Donator oder Akzeptor. Wie oben diskutiert ist die Position (Z, v) im Falle idealen, unendlich ausgedehnten Graphens energetisch bevorzugt. Andere Adsorptionsplätze wie Defekte oder Ränder sind in dieser vereinfachten Betrachtung zwar nicht enthalten, experimentell wird der Akzeptorcharakter des Wassers aber anhand der p-Dotierung des Graphens beobachtet.

4 Einfluss von Adsorbaten auf reale Graphenproben

4.2 Dipolare Adsorbate I: H_2O

Neben der Adsorption in der energetisch günstigsten Konfiguration, welche durch Ladungstransfer zu einer p-Dotierung des Graphens führt, bewirkt das Dipolmoment des Wassermoleküls zusätzlich eine Polarisierbarkeit durch äußere elektrische Felder. Diese führt zu einem effektiven elektrischen Feld in der Nähe des Graphens, welches das externe Feld des Backgates kompensiert bzw. verstärkt (s. Abbildung 4.3). Die Ausrichtung des Dipols wird durch das elektrische Feld des Backgates be-

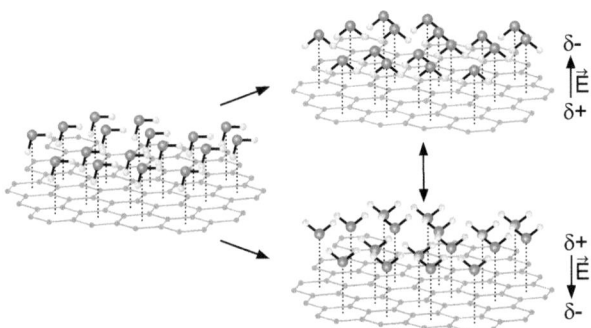

Abbildung 4.3: Schematische Darstellung zur Bildung eines elektrischen Feldes aufgrund der Ausrichtung von Wasserdipolen auf Graphen.

einflusst. Ein solches System hat daher verschiedene Zustände gespeicherter Ladung ähnlich einem Ferroelektrikum. Dieser Mechanismus sollte zu einer Hysterese im elektrischen Feldeffekt bei Normalbedingungen (1013 mbar, 25°C) führen. Bei tiefer Temperatur oder in wasserfreier Umgebung ist hingegen keine Hysterese zu erwarten, da die Ausrichtung des Wasserdipols und damit eine Ladungsspeicherung nicht möglich ist. Ein ähnliches Verhalten tritt auch beim Ammoniakmolekül auf, da dieses ebenfalls ein Dipol ist. Die Darstellung in Abbildung 4.3 ist stark vereinfacht, da die genaue Position der Wassermoleküle nicht völlig geklärt ist. Es handelt sich vermutlich um eine Kombination aus Wasser auf dem Substrat, auf dem Graphen und zwischen Substrat und Graphen. Experimente mit Substraten, deren Oberfläche vor der Graphenpräparation mit einer stark hydrophoben "self assembled monolayer" (SAM) auf Silanbasis bedeckt wurde zeigen, dass die Hysterese deutlich kleiner wird und in einigen Fällen völlig verschwindet. Detaillierte Untersuchungen zu diesem System sind kein Gegenstand der vorliegenden Arbeit sondern werden in unserer Gruppe von M. Lafkioti [117] näher untersucht. Die ersten Ergebnisse deuten aber darauf hin, dass neben dem Graphen selbst auch die chemische Beschaffenheit der Substratoberfläche Einfluss auf die elektrischen Eigenschaften des Graphens hat. Strukturelle Eigenschaften wie Rauhigkeit oder Kristallographie des Substrates werden hierbei nicht berücksichtigt.

Zunächst betrachten wir Wasser, da es bei Normalbedingungen auf allen Festkörperoberflächen vor-

4.2 Dipolare Adsorbate I: H_2O

kommt, wenn keine besonderen Behandlungen/Bedingungen wie bspw. längeres Ausheizen im UHV oder Hydro-/Superphobierung der Oberfläche erfolgen. Untersucht man das FE-Verhalten einer Graphenmonolage bei RT an Luft, so beobachtet man eine Hysterese im Längswiderstand R abhängig von der Änderungsrichtung der Backgate-Spannung U_{BG}. D.h. das Kurvenmaximum liegt bei verschiedenen Werten von U_{BG} je nachdem, ob U_{BG} von positiven zu negativen Werten geändert wird oder umgekehrt. In Abbildung 4.4 ist eine Feldeffektmessung dargestellt, welche eine Hysterese mit einer Aufspaltung zwischen beiden Maxima von $\Delta n \approx 0{,}8 \cdot 10^{12} \mathrm{cm}^{-2}$ aufweist. Die rote und schwarze

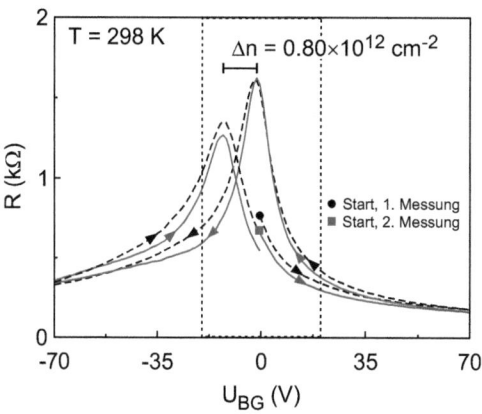

Abbildung 4.4: Hysterese im elektrischen Feldeffekt einer Graphenmonolage verursacht durch dipolare Adsorbate (v.a. Wasser). Die rote und schwarze Kurve zeigen zwei aufeinander folgende Messungen, wobei der schwarze Punkt den Beginn der ersten Messung markiert.

Kurve gehören zu aufeinander folgenden Messungen. Die Hysterese ändert ihren exakten Verlauf zwischen beiden Messungen, während die Aufspaltung zwischen den Maxima für bis zu 10 aufeinander folgende Messungen konstant bleibt. Führt man mehr Messungen aus bzw. misst über längere Zeiten als ca. eine Stunde, so treten auch in der Aufspaltung und in der horizontalen Kurvenposition (Gate-Offset bzw. Dotierung) deutliche Abweichungen auf. Dies ist auf die Empfindlichkeit des Graphens gegenüber Änderungen von Menge und Art seiner Adsorbate zurückzuführen. Somit sind sogar Änderungen des Luftdrucks bzw. der Luftfeuchtigkeit unmittelbar im elektrischen Transport sichtbar. Darüber hinaus konnte in Langzeitversuchen ($t \gg 50\,\mathrm{h}$) bei Raumtemperatur eine zunehmende Dotierung des Graphens im Probenstab gemessen werden. Diese ist auf Ausgasungen aus Lacken zurückzuführen, welche für die Isolation der elektrischen Verbindungen im Probenstab verwendet werden. Unter anderem sind Toluol und Xylol in den Lacken enthalten. Durch Neuverkabelung unter Verwendung hochvakuumtauglicher elektrischer Isolation konnte dieser parasitäre Dotiereffekt beseitigt werden[1].

---
[1] Unter den normalen flüssig-Helium (l-He) Betriebsbedingungen sind solche Ausgasungen eingefroren und

Daher wird im Folgenden untersucht, welchen Einfluss die Versuchsparameter auf die Hysterese haben. Die drei möglichen Parameter sind der "source-drain"-Strom, die Änderungsrate[2] v_{BG} der Backgate-Spannung sowie das Gate-Spannungsintervall[3] $[U_l, U_h]_{BG}$. Wie zu erwarten hat der "source-drain"-Strom im untersuchten Bereich von 1 nA bis 600 nA keinen Einfluss, auf die Feldeffektcharakteristik der Proben, da diese ein ohmsches Verhalten besitzen. Variiert man hingegen die Änderungsrate v_{BG} der Backgate-Spannung bzw. das Spannungsintervall $[U_l, U_h]_{BG}$, so ändert sich die Hysterese deutlich. Die Aufspaltung ΔU zwischen den beiden Widerstandsmaxima sinkt mit steigender Sweep-Geschwindigkeit v_{BG}. Bei v_{BG} von 0,25 V/s beträgt die Aufspaltung ΔU ca. 12 V entsprechend $0{,}85 \cdot 10^{12}\,\mathrm{cm}^{-2}$ und sinkt für $v_{BG} = 1{,}75$ V/s auf unter 6 V. Die zugehörige Messung ist in Abbildung 4.5 für zwei Extremwerte, 0,25 V/s und 1,75 V/s, gezeigt. Gemessen wurden insgesamt vier Sweep-Geschwindigkeiten: 0,25 V/s, 0,5 V/s, 1,75 V/s und 3,5 V/s. Die Abhängigkeit der Aufspaltung der Hysterese ist im Inset dargestellt. Aus dem Verhalten kann man ableiten, dass die

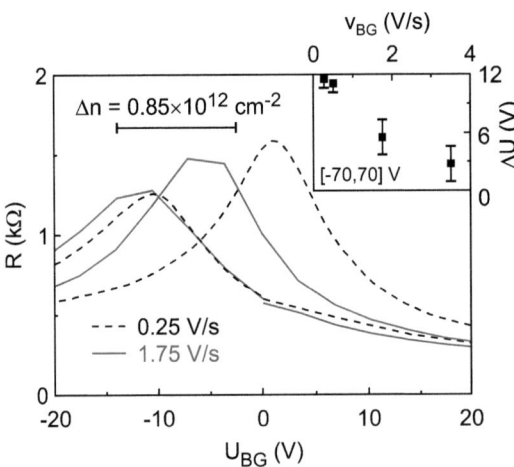

Abbildung 4.5: Abhängigkeit der FE-Hysterese von der Änderungsrate v_{BG} der Backgate-Spannung. Die Aufspaltung ΔU sinkt mit zunehmender Sweep-Rate (s. Inset). Die Messung wurde über einen Spannungsbereich von ± 70 V ausgeführt.

Ladungsspeicherung bzw. Polarisation in diesem System eine sehr große Zeitkonstante (s) besitzt verglichen mit elektronischen Zeitskalen (ps). Dies ist vermutlich auf die geringere Mobilität der Wassermoleküle zurückzuführen, aufgrund ihrer größeren Masse, verglichen mit Elektronen. Erhöht man die injizierte Ladung durch Erweiterung des Gate-Spannungsbereichs bei fester Sweep-

---

unproblematisch.
[2] $v_{BG} = dU_{BG}/dt$
[3] $[U_l, U_h]_{BG} \doteq |U_l| + |U_h|$

4.2 Dipolare Adsorbate I: H_2O

Rate, so vergrößert sich die Aufspaltung der Hysterese. Die Messung ist in Abbildung 4.6 dargestellt. Die Sweep-Rate beträgt 0,5 V/s. Die untersuchten Spannungsintervalle $[U_l, U_h]$ sind [-20,20], [-40,40], [-60,60] und [-70,70]. Diese Abhängigkeit der Hysterese vom maximalen Spannungsintervall

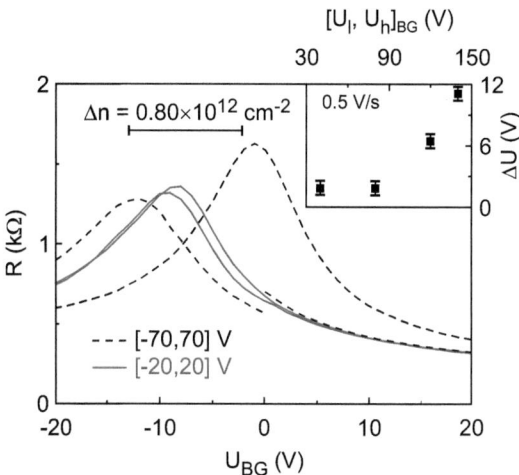

Abbildung 4.6: Abhängigkeit der FE-Hysterese vom Gate-Spannungsintervall $[U_l, U_h]_{BG}$. Die Aufspaltung ΔU steigt oberhalb eines Schwellwertes von $[U_l, U_h]_{BG} \approx 90$ V mit zunehmendem Spannungsbereich (s. Inset), da die injizierte Ladung zunimmt. Die Messung wurde bei einer konstanten Sweep-Geschwindigkeit von 0,5 V/s durchgeführt.

legt nahe, dass es einen Schwellwert gibt an dem eine Ausrichtung der Dipole möglich ist. Dies ist im Inset in Abbildung 4.6 zu sehen: Für $[U_l, U_h]_{BG} = 40$ V und 80 V liegt ΔU konstant unter 3 V. Erst ab einem Schwellwert von über 80 V nimmt die Aufspaltung mit steigendem $[U_l, U_h]_{BG}$ stark zu, also ab einer Spannung größer 40 V in eine Richtung. Dies kann sowohl im "Dipolbild" verstanden werden als auch mit "traps", die eine Energiebarriere zur Ladungsaufnahme besitzen. Betrachtet man die energetisch günstigste Position (Z, v) für die Wasseradsorption aus dem obigem Modell in Abschnitt 4.1 und vergleicht die zu überwindende Bindungsenergie mit der potentiellen Energie eines Wasserdipols im elektrischen Feld, so erhält man ein Feld in der Größenordnung von 0,5 V/nm. Für die Berechnung wird angenommen, dass nur die Differenz der Bindungsenergien zwischen (Z, v) und (Z, u) bzw. (Z, d) von 27 meV aufgebracht werden muss (vgl. Tabelle 4.1 und Abbildung 4.1). Das Dipolmoment des Wassers ergibt sich aus der Geometrie des Moleküls und beträgt $6{,}13 \cdot 10^{-30}$ Cm. Aus der Probengeometrie (300 nm SiO_2) folgt eine Gate-Spannung von 150 V. Dies liegt zwar um einen Faktor drei höher als nach den experimentellen Daten zu erwarten, man muss aber bedenken, dass DFT-Berechnungen für kleine Energien sehr große Abweichungen haben können und Absolutwerte nur in der Größenordnung verlässlich sind. Zudem ist das hier verwendete statische Modell des

Dipols sehr vereinfacht und die genaue Ausgangskonfiguration der Wassermoleküle nicht bekannt. Weiterhin sind die Bindungsenergien vergleichbar mit der thermischen Energie bei RT (25 meV), daher ist die aufzuwendende Energiedifferenz schon aus diesem Grund geringer als theoretisch erwartet.

Aus den diskutieren Experimenten zur Dynamik der Hysterese im Feldeffekt von Graphen lässt sich ableiten, dass bei Kombination einer hohen Sweep-Rate mit einem kleinen Spannungsintervall keine Hysterese beobachtet wird[4].

Da es in der Literatur widersprüchliche Untersuchungen zur Ursache der Hysterese in CNT-FET gibt [110, 118] und entsprechende Veröffentlichungen zu Graphen noch nicht existieren, wird im nächsten Abschnitt untersucht welche Umgebungsbedingungen Änderungen der Hysterese und/oder der intrinsischen Dotierung bewirken.

4.3 Manipulation der intrinsischen Eigenschaften

In diesem Abschnitt soll gezeigt werden, wie die intrinsische Dotierung/Hysterese frisch präparierter Proben manipuliert werden kann. Dabei können sowohl Einflüsse auf die zuvor beschriebene Hysterese beobachtet werden, als auch auf die intrinsische p-Dotierung.

Für diese Experimente wurde eine Probenkammer konstruiert, die es ermöglicht, die Probe bei bis zu 150°C unter einer definierten Gasatmosphäre (O_2, N_2, Ar, He, NH_3) bzw. im Vakuum (bis p = 10^{-5} mbar) auszuheizen und in situ FE-Messungen in 4-Punkt Geometrie durchzuführen. Die elektrische Isolation sowie sämtliche Klebe- und Lötstellen wurden hochvakuumfest ausgelegt, um Einflüsse durch Ausgasungen (s. voriger Abschnitt) zu verhindern. In Abbildung 4.7 ist die FE-Messung einer hoch p-dotierten Probe bei Raumtemperatur gezeigt. Im Unterschied zu der Probe, welche in Kapitel 3 diskutiert wurde, handelt es sich hier um eine unstrukturierte und unbehandelte Graphenmonolage. Die Herstellung und elektrische Kontaktierung erfolgt wie in Kapitel 2 beschrieben. Frisch präpariert ist die Probe stark p-dotiert (schwarz gepunktete Kurve in Abbildung 4.7), das Kurvenmaximum ist um mindestens 30 V nach rechts verschoben[5]. Wie zu Beginn dieses Kapitels beschrieben wird die Dotierung von molekularen Adsorbaten verursacht, die aus der Luft und bei der Prozessierung auf dem Graphen adsorbieren. Überlapp der Molekülorbitale mit dem π-System des Graphens führt zu einer Verschiebung der Fermi-Energie. Der häufigste Adsorbat ist Wasser, welches die p-Dotierung des Graphens verursacht, zudem führt Wasser zur beobachteten Hysterese, die im aktuellen Beispiel mit einer Aufspaltung von mehr als 30 V noch viel ausgeprägter ist als im vorigen Abschnitt bei der gering dotierten Probe. Dies hängt vermutlich mit der höheren Gesamtdotierung

---
[4] Tatsächlich wurde nicht in allen Feldeffektmessungen unter Normalbedingungen eine Hysterese beobachtet [95].
[5] Aufgrund der überlagerten Hysterese kann man hier keine genaue Aussage treffen. Ein ΔU, wie bei den Tieftemperaturmessungen mit ausgefrorener Hysterese in Kapitel 3 lässt sich nicht angeben.

4.3 Manipulation der intrinsischen Eigenschaften

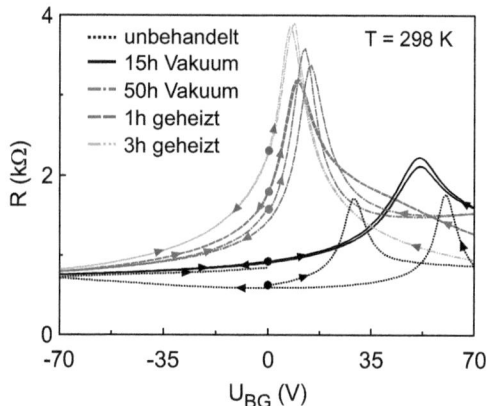

Abbildung 4.7: Manipulation der intrinsischen Dotierung einer hochdotierten Graphenmonolage. Die hysteretische Aufspaltung aufgrund dipolarer Moleküle ist $>30\,\text{V}$ (schwarz gepunktete Kurve). Unter Vakuum ($\approx 10^{-5}$ mbar) verringert sich die Hysterese nach längerer Zeit ($>15\,\text{h}$) bereits deutlich (schwarze Kurve). Nach 50 h im Vakuum nimmt auch die anfängliche p-Dotierung ab (blaue Kurve). Ausheizen bei 140°C unter Vakuum für 1 h bzw. 3 h entfernt die Hysterese und p-Dotierung fast vollständig (grüne bzw. rote Kurve). Die Pfeile zeigen die Sweep-Richtung der Gate-Spannung. Die Punkte bei $U_{BG} = 0\,\text{V}$ markieren den Kurvenbeginn.

zusammen, welche von Probe zu Probe sehr unterschiedlich sein kann. Von mehr als 100 Proben, die in der Arbeitsgruppe bisher gemessen wurden, war nur eine einzige intrinsisch n-dotiert [95]. Alle anderen waren mit ΔU von etwa $+5\,\text{V}$ bis $+70\,\text{V}$ p-dotiert. Im Mittel liegt nach der Präparation eine p-Dotierung von $+20\,\text{V}$ vor. Die unterschiedliche Höhe der Dotierung wird vermutlich durch die Oberflächen- und Randstruktur der Probe beeinflusst. Lokale Defekte, "dangling bonds", "ripples" etc. können bevorzugte Adsorptionsplätze sein. Es gibt zudem Hinweise auf einen "Memory-Effekt", d. h. eine Probe erreicht nach Entfernung der Adsorbate wieder ihren ursprünglichen Dotierungsgrad, wenn sie wieder einer entsprechenden Atmosphäre ausgesetzt wird. Der "Memory-Effekt" wird im letzten Abschnitt 4.4, am Ende dieses Kapitels, diskutiert.

Weiterhin zeigt sich, dass die Dotierung einer Graphenprobe durch Erzeugung künstlicher Defekte mittels Laserbestrahlung [94] bzw. Elektronenbeschuss stark erhöht werden kann (letzteres ist Gegenstand von Kapitel 6). Einen Hinweis auf Einflüsse des Randes geben strukturierte Proben mit definierter Geometrie (z.B. Hallbars, s. Abschnitt 2.3.1). Diese weisen eine viel geringere intrinsische Dotierung (meist $<10\,\text{V}$) auf als unstrukturierte Proben. So ist die in Kapitel 3 zur Darstellung der allgemeinen Transporteigenschaften von Graphen gezeigte strukturierte Probe nur um $+4\,\text{V}$ p-dotiert. Dieser Trend kann bei allen strukturierten Proben beobachtet werden, dennoch ist die mikroskopische Ursache für die verringerte Dotierung unklar. Aufschluss könnten zukünftige Untersuchungen des Probenrandes mittels STM oder hochauflösendem TEM bzw. AFM geben.

4 Einfluss von Adsorbaten auf reale Graphenproben

Setzt man nun die hochdotierte Probe Vakuumbedingungen mit einem Druck p von etwa 10^{-5} mbar aus, ändert sich die FE-Charakteristik mit der Zeit deutlich. Nach 15 Stunden ist die Hysterese nahezu vollständig verschwunden (schwarze Kurve in Abbildung 4.7), während die p-Dotierung immer noch bei etwa 50 V liegt. Der maximale Widerstand erhöht sich dabei geringfügig. Erst nach weiterer Vakuumbehandlung von insgesamt 50 Stunden verschiebt sich die Kurve auf unter 15 V. Gleichzeitig steigt der maximale Widerstand am Neutralitätspunkt auf etwa 3,5 kΩ. Die unmittelbare Veränderung der Hysterese durch einfaches Abpumpen der Probenkammer zeigt, dass die Ursache bei schwach gebundenen Spezies liegen muss. Dies widerlegt somit die Argumentation aus [118], dass die Hysterese nicht von adsorbiertem Wasser verursacht wird sondern von "charge traps" im SiO$_2$-Substrat. Letztere sind weder durch thermische Behandlung bei diesen niedrigen maximalen Temperaturen noch durch einfaches Abpumpen zu entfernen. Die zitierte Arbeit bezieht sich allerdings auf CNTs und es ist denkbar, dass "traps" im Substrat bei Graphen eine untergeordnete Rolle spielen. Andererseits zeigen aktuelle theoretische Berechnungen von Wehling et al. [119], dass zum effektiven Dotieren ein Zusammenspiel von Substratdefekten und adsorbiertem Wasser nötig ist. Dies ist aber im Widerspruch zu Leenaerts et al. [112], die zeigen, dass Wasser allein bereits dotieren kann. Unabhängig davon, welches Modell die Realität exakter abbildet, würden beide (Wehling et al. und Leenaerts et al.) die leichte Veränderbarkeit durch Abpumpen erklären. Sowohl die Hysterese als auch die p-Dotierung verringern sich deutlich nach 50 Stunden Vakuumbehandlung. Eine weitere Verringerung der Dotierung kann durch zusätzliches Ausheizen bei $\approx 10^{-5}$ mbar und 140°C für 1 Stunde bzw. 3 Stunden erzielt werden (vgl. die grüne bzw. rote Kurve in Abbildung 4.7). Nach 3 Stunden Ausheizen liegt der maximale Widerstand bei 4 kΩ.

In der Praxis reicht Ausheizen unter Vakuum für 1 bis 3 Stunden völlig aus, um die intrinsische Dotierung und Hysterese zu minimieren. Das 15- bzw. 50-stündige Abpumpen vor dem Ausheizen dient hier nur zur systematischen Untersuchung der verschiedenen Parameter. Auffällig ist an dieser Stelle die starke Asymmetrie zwischen Elektronen- und Lochleitung in der grünen Kurve nach einstündigem Ausheizen, welche bei der roten Kurve nach längerem Ausheizen nicht mehr vorhanden ist. Im Verlauf der Experimente hat sich gezeigt, dass Asymmetrien der Feldeffektkurven auch auf Adsorbate zurückgeführt werden können, welche abhängig von ihrem Typ (Donator oder Akzeptor) die Elektronen- bzw. Lochleitung unterschiedlich beeinflussen. Da es offensichtlich große Unterschiede bei der Bindungsstärke zwischen Adsorbat und Graphen gibt treten solche Effekte erst nach bestimmten Behandlungen auf, wenn bereits andere Adsorbate entfernt wurden, die zuvor kompensierend gewirkt haben. Erst intensives Ausheizen entfernt auch stärker gebundene Adsorbate, so dass neben der Gesamtdotierung und Hysterese dann auch solche Kurvenasymmetrien verschwinden. Im nächsten Kapitel wird auf die Asymmetrie der Elektronen- und Lochleitung in Abschnitt 5.3 genauer eingegangen und die Rolle von Adsorbaten durch gezielte Dotierung demonstriert, indem die Lage der Asymmetrie künstlich verändert wird. Hier steht die Änderung des maximalen Widerstands am Neutralitätspunkt während der oben beschriebenen Behandlungen im Mittelpunkt der Diskussion. So steigt der maximale Widerstand am Neutralitätspunkt von anfänglich 1,8 kΩ vor der ersten Vakuumbehandlung, auf ca. 4 kΩ nach dem dreistündigen Ausheizen an. Dieser ist ein Maß für die Homogenität der Probe hinsichtlich Ladungsfluktuationen ("Electron-Hole Puddles"), welche im vorigen Kapitel in Abschnitt 3.2 eingehend untersucht wurden. Mögliche Ursache sind Defekte, Inhomogenitäten in der Topographie der Graphenoberfläche, Einflüsse von Kontakten [120] sowie Randdefekte. Solche Abweichungen vom perfekten Graphenkristall können als bevorzugte Plätze für Adsorbate fungieren und strukturelle Inhomogenitäten werden so zu Inhomogenitäten der Ladungsträgerdichte.

Das einfachste Bild erhält man aus der Betrachtung zweier Extremfälle: (a) Die ideal homogene Probe mit einem Ladungsträgertyp. (b) Die inhomogene Probe mit Ladungsfluktuationen großer Amplitude und Vorzeichenwechsel.

Im Fall (a) würde die Ladungsträgerdichte am Neutralitätspunkt, welcher hier bei einer Gate-Spannung von 0 V läge, sowohl lokal als auch global gemittelt exakt verschwinden. Die Fermi-Energie läge in der gesamten Probe am Dirac-Punkt mit verschwindender Zustandsdichte. Ein hoher aber endlicher Widerstand bei $T \neq 0$ wäre die Folge, da aufgrund der fehlenden Bandlücke weiterhin elektrischer Transport möglich ist. Der genaue Wert der so genannten "minimal conductivity" σ_{min} von idealem Graphen wird in der Literatur kontrovers diskutiert und liegt vermutlich zwischen e^2/h und $4e^2/h$ [25]. Aufgrund immer vorhandener Defekte ist das Regime homogen verschwindender Ladungsträgerdichte experimentell nicht erreichbar. Reale Proben weisen daher meist minimale Leitfähigkeiten $> 4e^2/h$ auf. Die im Kapitel 3 diskutierte Probe liegt mit ihrer "minimal conductivity" von $3e^2/h$ daher im homogenen, defektarmen Bereich, was sich vor allem in der hohen Mobilität von ≈ 10000 cm^2/Vs widerspiegelt. Im Laufe der vorliegenden Arbeit wird sich allerdings auch zeigen, dass Proben mit hoher Mobilität zwar meist niedrige minimale Leitfähigkeiten aufweisen, umgekehrt aber nicht jede Probe mit niedriger minimaler Leitfähigkeit auch hohe Mobilität aufweist. Dies wird letztlich zu dem Schluss führen, dass die Mobilität in Graphen nicht durch geladene Störstellen limitiert wird sondern andere Arten von Defekten eine Rolle spielen. Welcher Defekttyp dominiert ist aber noch ungeklärt. In Kapitel 6 wird der Einfluss künstlich erzeugter kurzreichweitiger Defekte untersucht.

Die inhomogene Probe (b) mit minimalen Leitfähigkeiten $> 4e^2/h$ weist stark ausgeprägte lokale Fluktuationen der Ladungsträgerdichte, die in Abschnitt 3.2 beschrebenen "electron-hole puddles" [67], auf. In einem solchen System herrscht Ladungsneutralität (Fermi-Energie am Dirac-Punkt) nur an singulären Linien/Punkten (vgl. Abschnitt 3.2, Abbildung 3.4a), dazwischen gibt es ausgedehnte Bereiche ("puddles") mit einer hohen Leitfähigkeit. Da in Graphen Elektronen- (n) und Lochleitung (p) gleichzeitig möglich sind, spielt das Vorzeichen des Ladungsträgers keine Rolle. Alle "puddles" tragen zum Transport bei, abhängig vom Betrag ihrer Ladungsträgerdichte und Verknüpfung. Der pn-

Übergang zwischen "puddles" verschiedenen Vorzeichens ist in Graphen immer leitfähig, da einerseits keine Bandlücke vorhanden ist und die Ladungsträger zudem chirale masselose Dirac-Fermionen sind, welche beliebige Potentialbarrieren durchtunneln können (vgl. Kapitel 1, Abschnitt 1.6.1 und Kapitel 9). Das Problem der "minimal conductivity" in Graphen wurde u.a. von Cheianov et al. [102] theoretisch untersucht und als "random resistor network" (RRN) modelliert.

Im Rahmen des oben erläuterten Bildes deutet der steigende Widerstand während der Vakuum- bzw. Wärmebehandlung der Probe, auf eine zunehmende Homogenität hin. D.h. Adsorbate, welche aufgrund struktureller Inhomogenitäten auf der Probe verteilt waren, desorbieren und die lokale Ladungsträgerdichte sinkt. Dies führt zu einer abnehmenden Amplitude der Dichtefluktuationen und somit zu einer geringeren Ladungsträgerdichte, welche effektiv für den Transport zur Verfügung steht. Als Folge steigt der Widerstand am Neutralitätspunkt. Die abnehmende Amplitude der Ladungsfluktuationen bedeutet aber auch eine kleinere elektrostatische Modulation des Elektronensystems. Desorbieren p-dotierende Adsorbate gleichzeitig mit n-dotierenden, so steigt der maximale Widerstand aufgrund einer reduzierten Ladungsträgerdichte in den n-/p-"puddles" während die Gesamtdotierung konstant bleibt. Dies ist in der ersten Phase (nach 15 h Vakuum) in Abbildung 4.7 zu erkennen: Der Widerstand nimmt zu, die Hysterese verschwindet aber die Gesamtdotierung ändert sich nicht. Erst nach 50-stündiger Vakuumbehandlung ist die Abnahme der p-Dotierung der Probe an der Kurvenverschiebung nach links deutlich zu erkennen. Vermutlich übersteigt die Desorptionsrate von p-Dotierstoffen nun jene von n-dotierenden Adsorbaten oder es sind bereits sämtliche n-dotierenden Stoffe abgedampft, so dass die Abnahme der Ladungsträgerdichte nun nicht nur am steigenden Widerstand des Neutralitätspunktes sondern auch an dessen Lage auf der Spannungsachse erkennbar ist.

4.4 Probenspezifische Effekte

Vergleicht man die intrinsische p-Dotierung verschiedener Graphenproben, welche unter gleichen Bedingungen hergestellt wurden, so liegen die Werte zwischen $n_i \approx -0{,}4 \cdot 10^{12} \text{cm}^{-2}$ und $-5 \cdot 10^{12} \text{cm}^{-2}$. Diese Streuung der Dotierung über eine Größenordnung deutet darauf hin, dass es eine probenspezifische Ursache für den Grad der Dotierung gibt. Die zuvor diskutierten Adsorbate sind zwar letztlich der Grund für die Dotierung, aber eine Schwankung in dieser Größenordnung kann damit allein nicht erklärt werden. So können zwar Abhängigkeiten von der Luftfeuchtigkeit der Umgebung beobachtet werden, diese Schwankungen liegen aber im Bereich weniger Prozent [121].

Um dies genauer zu untersuchen wird zunächst eine frisch präparierte Probe bei 140°C für 3 h im Vakuum ausgeheizt, um die anfängliche p-Dotierung und die Hysterese zu minimieren (rote Kurve, Abbildung 4.8). Bringt man die Probe danach an Luft und misst sofort die Feldeffektcharakteristik, so beobachtet man eine Hysterese mit einer Aufspaltung von 35 V (gepunktete Kurve nach 90 s

Belüftung in Abbildung 4.8) sowie eine Verschiebung des Kurvenschwerpunktes zu 35 V. Wiederholt

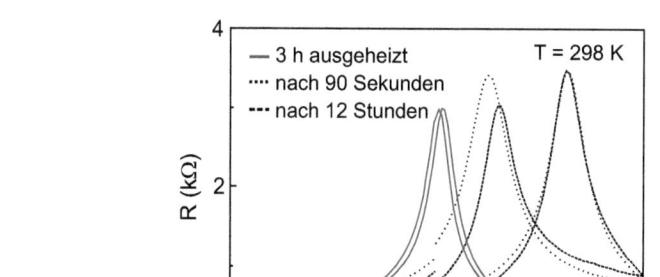

Abbildung 4.8: Ausbildung der Feldeffekthysterese nach Belüften und Erreichen eines stabilen Zustandes nach 12 Stunden.

man die Messung nach 12 h Wartezeit, während die Probe durchgehend der Umgebungsluft ausgesetzt war, so wird die Kurvenform fast vollständig reproduziert (schwarze durchgezogene Kurve in Abbildung 4.8). Nur das erste Kurvenmaximum hat sich noch um ein bis zwei Volt weiter nach rechts verschoben. Dieser Probenzustand ändert sich bei Wiederholungsmessungen nicht mehr signifikant. Veränderungen um wenige Volt können bei schwankender Luftfeuchtigkeit der Umgebung beobachtet werden.

Dieser Versuch zeigt deutlich, dass eine Graphenprobe an Luft innerhalb weniger Sekunden einen bestimmten Dotierungszustand einnimmt, der sich nach längerer Wartezeit stabilisiert und sich über lange Zeit nur wenig verändert. Aus der Statistik vieler gemessener Proben, welche Schwankungen zwischen den Dotierungsgraden unterschiedlicher Proben von mehr als 10 V aufweisen, lässt sich daher folgern, dass der Grad der Dotierung von probenspezifischen Faktoren abhängt und nicht primär von den Umgebungsbedingungen (bspw. Luftfeuchtigkeit).

Heizt man dieselbe Probe erneut im Vakuum aus, erreicht man wieder den undotierten Zustand ohne Hysterese (rote Kurve in Abbildung 4.9a). Nach Belüften und 12-stündiger Wartezeit wird die ursprüngliche Dotierung und Hysterese reproduziert (blaue Kurve in Abbildung 4.9a). Setzt man die Probe nun 15 Stunden lang Vakuumbedingungen (10^{-5} mbar) aus, verschiebt sich der Kurvenschwerpunkt nach links zu niedrigeren Gate-Spannungen und die Hysterese wird kleiner (grüne Kurve in Abbildung 4.9b). Dieses Verhalten wurde in Abschnitt 4.3 bereits beschrieben und ist auf desorbierende molekulare Adsorbate zurückzuführen. Belüftet man die Probe nun wieder und misst den Feldeffekt nach 12 Stunden Wartezeit, so findet man wieder exakt den Dotierungszustand (blaue

4 Einfluss von Adsorbaten auf reale Graphenproben

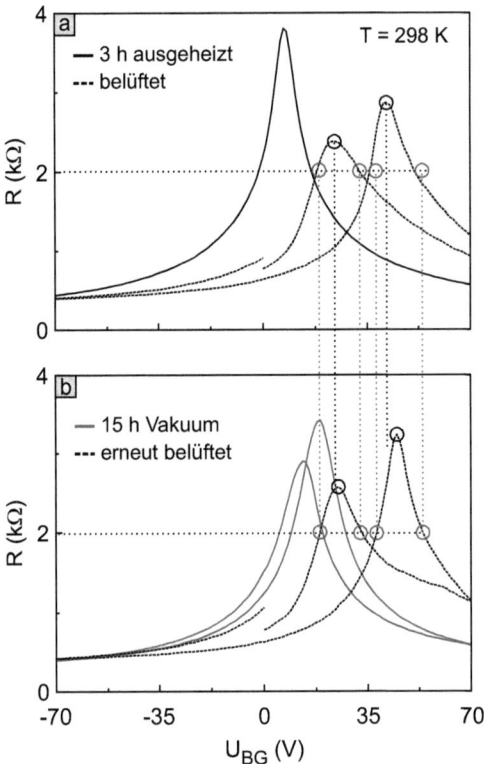

Abbildung 4.9: Adsorbat-"Memory"-Effekt an Graphen (a) Die rote Kurve wurde nach Ausheizen bei 140°C im Vakuum gemessen. Die blaue Kurve wurde 12 Stunden nach Belüftung gemessen und ähnelt der schwarzen Kurve in Abbildung 4.8. (b) Die grüne Kurve entspricht dem Zustand der Probe nach einer Vakuumbehandlung von 15 h bei ca. 10^{-5} mbar. Nach Belüften wird wieder der Ausgangszustand erreicht (blaue Kurve).

Kurve in Abbildung 4.9b) wie nach der ersten Belüftung, dargestellt in Abbildung 4.9a. Eine Graphenmonolage scheint somit ein "Gedächtnis" für die Adsorbatkonfiguration auf seiner Oberfläche zu haben bzw. es existieren probenspezifische Merkmale, die zu einer bevorzugten oder reduzierten Adsorption führen. Mögliche Faktoren sind die Beschaffenheit des Probenrandes aufgrund von unabgesättigten Bindungen oder Randdefekten sowie Defekte der Graphenoberfläche wie "Ripples" [9], Leerstellen oder Zwischengitteratome [122]. Vor allem die Korrugation der Oberfläche aufgrund von Substratrauigkeit und intrinsischer Riffelung (vgl. Kapitel 1, Abschnitt 1.3) könnte zu sterischen Effekten führen, welche die Geometrie und Dichte bei der Anlagerung von molekularen Adsorbaten bestimmen. Ein Zusammenhang zwischen Topographie und Dotierung wird auch in der Arbeit von Moser et al. [111] erwähnt.

In diesem Abschnitt konnte gezeigt werden, dass die intrinsische Dotierung von Graphen an Luft mit der individuellen Struktur der einzelnen Probe zusammenhängt. Eine saubere Probe erhält die Dotierung zwar letztlich aus der Umgebung, die maximale Dotierung hängt aber von der Probenbeschaffenheit im Einzelfall ab, welche auch von der Reinheit und Topographie der Substratoberfläche mitbeeinflusst wird. Natürliche Schwankungen der Umgebungsbedingungen (Luftfeuchtigkeit) wirken sich daher vergleichsweise wenig auf die elektrischen Eigenschaften von Graphen aus, da die Umgebung ein unendliches Reservoir von Adsorbaten darstellt, welche zu einer probenspezifischen Sättigung der Dotierung führen.

5 Chemische Dotierung

Während im vorigen Kapitel 4 der Schwerpunkt auf Manipulation der gegebenen intrinsischen Dotierung aufgrund der Umgebungsbedingungen lag, geht es nun um gezielte chemische Dotierung. Im Gegensatz zur n- oder p-Dotierung konventioneller Halbleiter, bei denen einzelne Gitteratome durch Atome mit höherer oder niedrigerer Valenz ersetzt werden, basiert Dotierung von Graphen auf Oberflächenadsorbaten. Es herrschen somit die gleichen Mechanismen adsorbatinduzierter Änderung der elektronischen Eigenschaften, wie sie in Kapitel 4 diskutiert wurden.

5.1 Einfluss der Gase N_2, O_2, Ar, He

Zur systematischen Untersuchung der Dotierung werden verschiedene Gase im Reinheitsgrad 6.0 verwendet: Stickstoff (N_2), Sauerstoff (O_2), Argon (Ar) sowie Helium (He). Als Probenkammer wird die gleiche verwendet wie zuvor in Kapitel 4. Die Dosierung der Gase erfolgt über einen metallischen Hohlzylinder von 232,5 ccm Volumen, welcher über ein 4-Wege Ventil direkt an die Probenkammer angeschlossen wird. Das Schaltbild 5.1 veranschaulicht den Aufbau. Zur Vorbereitung wird der Zylinder bei geöffneten Ventilen 2 und 6 mit einer Turbopumpe evakuiert und für 24 Stunden bei einem Druck von ca. 10^{-6} mbar mit einem elektrischen Heizband ausgeheizt, um Luftfeuchtigkeit und sonstige Restgase weitgehend zu entfernen. Danach wird der Zylinder im auf RT abgekühlten Zustand für 3 min bei geöffneten Ventilen 1, 2 und 3 mit dem Reinstgas gespült, welches zur Probenbehandlung verwendet werden soll und dann mit dem Gas unter Atmosphärendruck befüllt. Aus dem Zylindervolumen, der Temperatur und dem Fülldruck kann die im Zylinder enthaltene Teilchenzahl des Gases ermittelt werden. Um die Probe zu dotieren werden die Ventile 2 und 4 zur Probenkammer geöffnet und das Gas durch den in der Kammer herrschenden Unterdruck sowie Diffusion zur Probe transportiert[1]. Während der Wartezeit von einer Stunde wird der Probenwiderstand bei $U_{BG} = 0\,\text{V}$ in situ gemessen, um den Effekt des Gases zu überwachen. Danach wird die Kammer mit der Vorpumpe kurz abgepumpt (Ventil 4 geschlossen, 5 geöffnet), um die Dotierung zu stoppen und eine FE-Kurve aufgenommen. Die daraus ermittelte Verschiebung ΔU des Kurvenmaximums gibt Aufschluss über den Grad der Dotierung und die Teilchenzahl, welche auf der Probe adsorbiert ist. Die gesamte Prozedur ab der Gasbefüllung kann wiederholt werden, um eine

---
[1] Die Verbindungsleitungen werden zuvor über das Ventil 6 evakuiert, um Restgas zu entfernen.

5 Chemische Dotierung

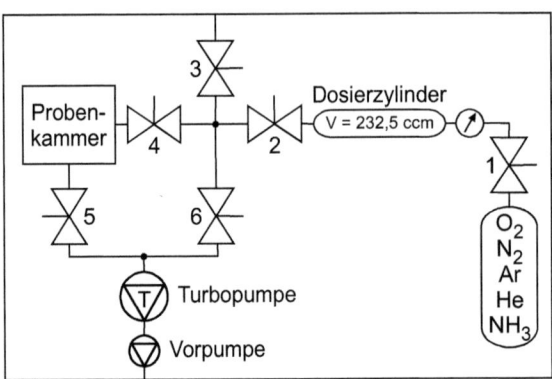

Abbildung 5.1: Schaltbild des Aufbaus zur Gasdotierung von Graphen. Die Nummern 1 bis 6 bezeichnen Ventile, welche für die verschiedenen Betriebszustände entsprechend gestellt werden können. Auf der linken Seite befindet sich die Probenkammer. Von rechts können verschiedene Gase aus Druckflaschen über den Dosierzylinder zur Kammer geführt werden.

gezielte Dotierung einzustellen bzw. eine Behandlung mit einem bestimmten Gas durchzuführen. Der beschriebene Versuchsaufbau wird im Folgenden verwendet, um den Einfluss verschiedener Gase separat zu untersuchen. Für das Experiment werden Stickstoff 6.0 und Sauerstoff 6.0 verwendet, da sie die Hauptbestandteile der Luft sind. Zum Vergleich werden noch zwei Inertgase, Helium 6.0 und Argon 6.0, hinzugezogen. Eine entsprechend der Prozedur aus Abschnitt 4.3 unter Vakuum ausgeheizte Probe (rote Kurve, Abbildung 5.2), wird nacheinander verschiedenen Gasen ausgesetzt. Dabei wird mit den Edelgasen begonnen und dann mit Stickstoff und Sauerstoff fortgefahren. Die Gaszuführung wird so durchgeführt wie oben beschrieben. Für jedes Gas wird eine Feldeffektmessung durchgeführt, um den Zustand der behandelten Probe hinsichtlich Hysterese und Dotierung zu untersuchen. Die Edelgase Helium und Argon bewirken weder eine Änderung der Dotierung noch eine Hysterese. Da dies bei Inertgasen keine Überraschung ist, wird in Abbildung 5.2 nur die Kurve für Helium beispielhaft gezeigt (schwarze Kurve). Es tritt keine Hysterese und keine Dotierung auf. Auch Stickstoff (grüne gepunktete Kurve) bewirkt keine Änderung der Feldeffektcharakteristik. Geringfügige Verschiebungen des Kurvenschwerpunktes sind möglicherweise auf Spuren von Luftfeuchtigkeit in der Apparatur zurückzuführen, die beim Wechsel der Gasflaschen in die Rohrleitung gelangen kann. Ergebnisse von ab-initio DFT-Berechnungen von Sanyal et al. [123], welche während der Erstellung dieses Manuskripts veröffentlicht wurden, zeigen dass Stickstoff Graphen dotieren kann, wenn Leerstellendefekte im Graphengitter vorliegen. Im Falle von Doppelleerstellen kann der Stickstoff diese vollständig einnehmen und das Graphengitter wieder vervollständigen. Dabei werden dem 2DES Elektronen zugeführt und die Probe n-dotiert. Sollte diese theoretische Vorhersage zutreffen, bedeutet das im Umkehrschluss, dass die in dieser Arbeit untersuchten Graphenproben keine

5.1 Einfluss der Gase N_2, O_2, Ar, He

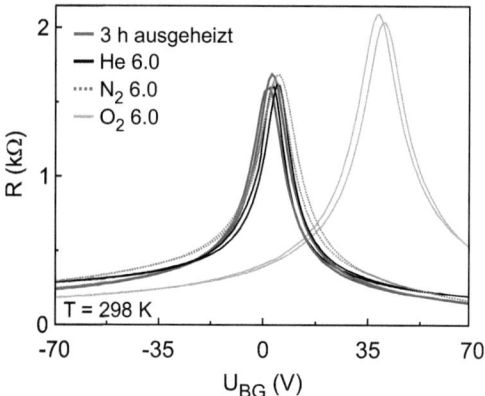

Abbildung 5.2: Feldeffektmessungen an einer Graphenmonolage nach Behandlung mit verschiedenen Gasen. Die rote Kurve ist der Zustand der Probe nach Ausheizen im Vakuum.

oder nur vernachlässigbar wenige Leerstellendefekte enthalten.

Eine deutliche Verschiebung zu positiven Gate-Spannungen zeigt Sauerstoff (orangene Kurve), wobei aber keine Hysterese auftritt, da Sauerstoff kein Dipolmoment besitzt. Dies bestärkt das Modell aus dem vorigen Kapitel, welches das Vorhandensein eines Dipolmoments im Adsorbat als Ursache für die Hysterese voraussetzt. Somit kann verifiziert werden, dass die Hysterese im Feldeffekt von Wasser verursacht wird, während die intrinsische p-Dotierung frisch präparierter Proben sowohl von Wasser als auch von Sauerstoff stammt. Der genaue Mechanismus der Adsorption von Sauerstoff an Graphen ist allerdings nicht geklärt. Möglicherweise werden auch "dangling-bonds" am Rand der Probe mit Sauerstoff belegt. Die Wechselwirkung mit Leerstellendefekten [123] ist dagegen eher unwahrscheinlich, da das Vorhandensein solcher Defekte auch die Adsorption von Stickstoff begünstigen würde und zu einer messbaren Änderung der elektronischen Eigenschaften des Graphens führen müsste, was, wie zuvor gezeigt, nicht der Fall ist. Es kann auch nicht ausgeschlossen werden, dass unter bestimmten Bedingungen die ohmschen Kontakte eine Rolle spielen bzw. lokale Veränderungen durch Oxidation oder Reduktion stattfinden können. Allgemein sollte die Dotierung durch Sauerstoff mittels Ladungstransfer vom Graphen zum stark elektronegativen Sauerstoff stattfinden, welcher dem 2DES Elektronen entzieht[2].

Als weitere Ursache für die intrinsische p-Dotierung frisch präparierter Proben neben Wasser und Sauerstoff sind Reste organischer Lösungsmittel sowie Lackreste denkbar, welche während der Prozessierung die Graphenflocke kontaminieren. Hierzu wurden keine systematischen Untersuchungen durchgeführt, da bei der Vielzahl von Prozessschritten, bei denen Chemikalieneinsatz unvermeidbar

---

[2] Experimente mit Ozon zeigen ebenfalls eine starke p-Dotierung des Graphen [124].

ist, eine Abgrenzung relevanter Einflüsse von unwichtigen nicht möglich ist. Zudem zeigen die Versuche aus Kapitel 4, dass sich die Dotierung des Graphen nachträglich gut manipulieren lässt und daher eine Vermeidung von Kontamination im Vorfeld wünschenswert aber im jetzigen Stadium der Graphenforschung nicht zwingend erforderlich ist.

Im vorigen Abschnitt sowie in Kapitel 4 konnte aus verschiedenen Perspektiven gezeigt werden, wie stark Graphen auf die Umgebungsbedingungen reagiert. Wasser bewirkt eine p-Dotierung und führt unter Normalbedingungen zu einer deutlich ausgeprägten Hysterese im Feldeffekt. Darüber hinaus bewirkt adsorbierter Sauerstoff eine zusätzliche p-Dotierung aber keine Hysterese. Edelgase und Stickstoff haben keinen Einfluss auf die elektrischen Eigenschaften von Graphen. Durch Vakuumbehandlung bzw. Ausheizen im Vakuum können die Adsorbate vom Graphen entfernt werden und sowohl die Hysterese als auch die intrinsische p-Dotierung beeinflusst werden. Neben der Umgebung scheint die Beschaffenheit der individuellen Graphenprobe selbst großen Einfluss auf die Verteilung und Menge der Adsorbate zu haben. Dies zeigt sich in dem "Memory-Effekt", der im Abschnitt 4.4 behandelt wurde. Verminderung von Kontamination während der Prozessierung könnte in Zukunft die Probenqualität weiter verbessern.

Im nächsten Abschnitt wird die künstliche Dotierung mit Ammoniak betrachtet. Damit soll ein weiteres Dipolmolekül hinsichtlich seines Einflusses auf Graphen untersucht werden, um eine Vergleichsmöglichkeit zu den Effekten des Wassers aus Kapitel 4, Abschnitt 4.2, zu haben und die Vorstellung, dass die Hysterese von Dipolen verursacht wird, zu untermauern. Für die Gasdosierung wird wieder der oben beschriebene Aufbau verwendet.

5.2 Dipolare Adsorbate II: NH_3

Im folgenden Experiment wird eine Graphenmonolage, welche zuvor im Vakuum ausgeheizt wurde, einer Ammoniakatmosphäre[3] ausgesetzt. Dazu wird dieselbe Apparatur wie im letzten Abschnitt verwendet (Abbildung 5.1).

Die Apparatur wird wieder, wie oben beschrieben, bei 10^{-6} mbar für 24 h ausgeheizt, um Restgase zu entfernen (Ventile 2 & 6 offen). Danach wird mit der Ammoniakmischung gespült, während die Ventile 1, 2, 3 geöffnet sind. Nach 3 min werden die Ventile 2 & 3 geschlossen, der Dosierzylinder unter Atmosphärendruck befüllt und danach Ventil 1 geschlossen. Die Apparatur ist nun zum Dotieren vorbereitet. Über die Ventile 5 & 6 werden sowohl die Probenkammer als auch die Verbindungsleitungen kurz evakuiert, um Luft zu entfernen. Zur Dotierung werden die Ventile 2 & 4 für die Dauer von einer Stunde geöffnet, so dass die Ammoniakmischung zur Probe diffundieren kann. Der Widerstand der Probe wird bei fester Backgate-Spannung über der Zeit gemessen, um die Reaktion

---
[3] Aus Sicherheitsgründen wird eine Mischung von 1% NH_3 in He 6.0 verwendet.

5.2 Dipolare Adsorbate II: NH$_3$

der Probe zu überwachen. Danach wird über die Ventile 5 & 6 kurz mit der Vorpumpe abgepumpt, um die Dotierung zu stoppen. Das Pumpen muss so kurz erfolgen, dass dabei nicht wieder eine Desorption der Adsorbate stattfindet.

Misst man danach die Feldeffektcharakteristik der Probe, so beobachtet man eine Verschiebung der Feldeffektkurve zu negativen Gate-Spannungen und eine Hysterese ähnlich der im vorigen Abschnitt beschriebenen (Abbildung 5.3). Die Verschiebung zeigt an, dass Ammoniak eine n-Dotierung des

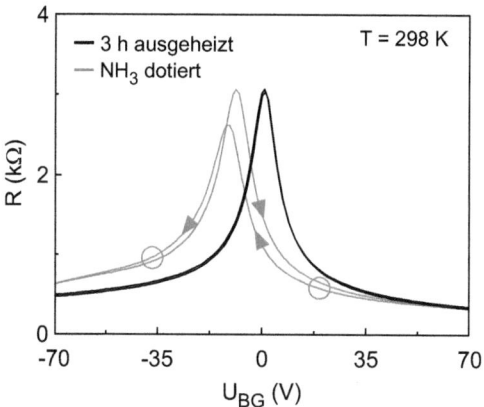

Abbildung 5.3: Hysterese aufgrund von Adsorption dipolaren Ammoniaks auf einer Graphenmonolage. Die Durchlaufrichtung der Hysterese ist jener von Wasser entgegengesetzt.

Graphens bewirkt. Die Hysterese besitzt zudem den umgekehrten Durchlaufsinn (angezeigt durch die Pfeile) wie im Fall von Wasser. Zusätzlich tritt eine Asymmetrie der Kurve auf (Kreise), d. h. rechts und links des Kurvenmaximums ist der Widerstand für den gleichen Spannungsbetrag unterschiedlich. Die Asymmetrie besitzt genau das umgekehrte Vorzeichen, wie im Kapitel zuvor im Fall von Wasser. Die Ausbildung einer Hysterese durch isolierte Zugabe von Ammoniak, bestätigt die Vorstellung, dass ein Dipolmoment im Adsorbat zu einer Ladungsspeicherung führt und das Substrat von untergeordneter Bedeutung ist. Die Analyse von HOMO und LUMO des Ammoniakmoleküls gibt Aufschluss über die Position in der das Molekül auf der Graphenoberfläche adsorbiert, da die Richtung des Ladungstransfers (Elektronen werden an das Graphen abgegeben) anhand der experimentellen Beobachtung bekannt ist. Die möglichen Adsorptionsplätze auf dem Graphen sind die gleichen wie für Wasser (s. Abschnitt 4.1, Abbildung 4.1): an einem C-Atom (A), an einer C-C Bindung (B) sowie im Zentrum eines Hexagons (Z). Das Ammoniakmolekül selbst kann nur in zwei Richtungen orientiert sein: Wasserstoffatome nach oben (u), Wasserstoffatome nach unten (d). Somit gibt es insgesamt sechs mögliche Konfigurationen für die Adsorption. Betrachtet man die Struktur von HOMO und LUMO (Abbildung 5.4) dann kann das Ammoniakmolekül nur in der

5 Chemische Dotierung

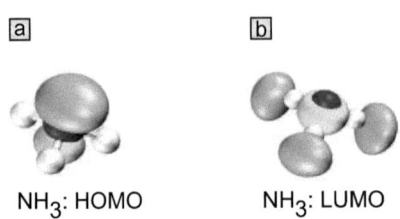

NH₃: HOMO   NH₃: LUMO

Abbildung 5.4: Molekülorbitale von Ammoniak: (a) HOMO, (b) LUMO. Die Atome des Ammoniakmoleküls sind blau (Stickstoff) und weiß (Wasserstoff) dargestellt. Gelb und grün bezeichnen die unterschiedlichen Vorzeichen der Orbital-Wellenfunktion [112].

Position "u" adsorbieren, da so ein Überlapp zwischen dem HOMO des Ammoniak und den Graphenorbitalen stattfindet, welcher zum experimentell beobachteten Elektronentransfer vom Ammoniak zum Graphen passt. Weiterhin ergeben DFT-Berechnungen von Leenaerts et al. [112] eine maximale Bindungsenergie zwischen Ammoniak und Graphen für die Adsorption im Zentrum eines Hexagons (Z). Gemäß der in Abschnitt 4.1 über Wasser eingeführten Benennung ist die energetisch bevorzugte Adsorptionsposition also (Z, u) und führt zu einer n-Dotierung. Die Adsorption in "d-Stellung" führt zu einem gleichzeitigen Überlapp von HOMO und LUMO mit den Graphenorbitalen, welcher zu einem näherungsweise gleichberechtigten Ladungshin- und -rücktransfer und daher zu verschwindender Dotierung führen würde. Diese Kompensation des Ladungstransfers ist zudem unabhängig von der Adsorptionsposition (A, B, Z) auf Graphen. Die gemessene n-dotierende Wirkung von Ammoniakgas ist somit konsistent mit den theoretischen Vorhersagen aus der Molekülorbitalstruktur sowie der Adsorptionsgeometrie basierend auf den DFT-Berechnungen von Leenaerts et al. [112, 113]. Die Erzeugung der Hysterese im Feldeffekt basiert vermutlich auf ähnlichen Polarisationsmechanismen des Ammoniakdipols wie jenen bei Wasser.

Während der Erstellung dieses Manuskripts ist eine Veröffentlichung [125] erschienen, in der die Ammoniakdotierung bei hohen Temperaturen durchgeführt wird. D. h. die Graphenprobe wird durch einen hohen "source-drain"-Strom in einer Ammoniakatmosphäre ausgeheizt, so dass das Ammoniak mit dem Graphen chemisch reagiert. Die Proben sind danach n-dotiert und behalten ihre Dotierung bei Raumtemperatur über längere Zeit. Eine Hysterese im Feldeffekt aufgrund des Ammoniakdipols wird nicht berichtet, da bei dieser Methode C-N Bindungen am Rand der Graphenprobe gebildet werden und Ammoniak selbst nicht mehr vorliegt. Die Asymmetrie zwischen Elektronen- und Lochleitung, welche im nächsten Abschnitt weiter behandelt wird, ist aber auch bei diesen Experimenten sichtbar.

5.3 Asymmetrie der Elektronen- und Lochbeweglichkeit

Eine interessante Beobachtung, welche bei der Untersuchung der Leitfähigkeit von Graphen in Abhängigkeit der Ladungsträgerdichte gemacht werden kann, ist die Asymmetrie zwischen Elektronen- und Lochbeweglichkeit. Im vorigen Abschnitt sowie in Abschnitt 4.3 wurde darauf bei verschiedenen Proben bereits mehrfach hingewiesen. In Abbildung 5.5 ist die Leitfähigkeit einer Probe über der Backgate-Spannung aufgetragen, welche 1 h (grüne Kurve) bzw. 3 h (rote Kurve) im Vakuum ausgeheizt wurde. In der Leitfähigkeitsdarstellung ist die Asymmetrie besonders gut zu erkennen, wie durch die Kreise verdeutlicht, welche zu beiden Seiten den gleichen Abstand vom Neutralitätspunkt haben. Bei der grünen Kurve, welche nach einstündigem Ausheizen gemessen wurde, unterscheiden

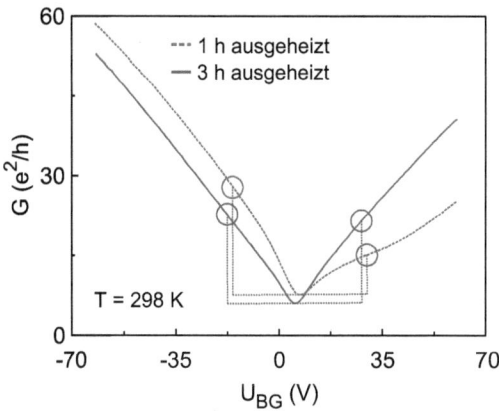

Abbildung 5.5: Asymmetrie der Elektronen- und Lochbeweglichkeit aufgrund von Restadsorbaten (grüne Kurve) nach einstündigem Ausheizen. Nach längerem Ausheizen (rote Kurve) sind Elektronen- und Lochbeweglichkeiten identisch. Die Kreise verdeutlichen die Asymmetrie.

sich die zugehörigen Leitwerte um 50 %, was auch eine entsprechend unterschiedliche Ladungsträgermobilität[4] ergibt. Zudem sind nichtlineare Anteile in der Kurve erkennbar, welche in der roten Kurve nach dreistündigem Ausheizen verschwunden sind. Die rote Kurve weist keine Asymmetrie zwischen Elektronen- und Lochleitung mehr auf.

Aufgrund der Bandstruktur von Graphen, welche eine Symmetrie zwischen Elektronen und Löchern ergibt, ist die Asymmetrie in realen Graphenproben überraschend und bedarf weiterer Untersuchungen. Die Beobachtung zeigt, dass bei sauberen Proben, die bspw. im Vakuum ausgeheizt wurden, keine Asymmetrie auftritt (s. rote Kurve in Abbildung 5.5 sowie Abbildung 3.5 in Abschnitt 3.3). Das weist daraufhin, dass auch hier molekulare Adsorbate im Spiel sind, welche durch entsprechende

---
[4] Zur korrekten Bestimmung der Ladungsträgermobilität s. Kapitel 3, Abschnitt 3.3.

thermische Behandlung entfernt werden können. Im Abschnitt 4.3 wurde bereits auf die Asymmetrie in der FE-Charakteristik im Zusammenhang mit hoch p-dotierten Proben hingewiesen und im vorigen Abschnitt 5.2 wurde die umgekehrte Asymmetrie nach Dotierung mit Ammoniak erwähnt. Die Bindung der Moleküle zum Graphen, welche die Asymmetrie verursachen, scheint allerdings stärker zu sein, da die Asymmetrie noch vorhanden ist, wenn die Hysterese (vgl. Kapitel 4) und intrinsische p-Dotierung bspw. nach einstündigem Ausheizen (grüne Kurve, Abbildung 5.5) bereits stark reduziert bzw. ganz verschwunden sind.

Theoretische Untersuchungen zur adsorbatabhängigen Leitfähigkeit von Graphen wurden von Robinson et al. [115] sowie von Novikov [126] durchgeführt. Als besonders einfache Modelladsorbate werden H$^+$ und OH$^-$ verwendet, da diese unter bestimmten Bedingungen aus Wasser gebildet werden bzw. in geringer Konzentration immer im Wasser vorliegen.

Als Grundlage dient das "tight binding"-Modell [3, 58], welches bereits in Kapitel 1 zur Bandstrukturberechnung von Graphen eingeführt wurde. Um die Adsorbate einzuführen wird der "tight binding"-Ansatz des reinen Graphens um einen Hamilton-Operator erweitert, welcher eine kovalente Bindung zwischen Adsorbaten und den π-Bändern des Graphens voraussetzt. Die typischen Kopplungsenergien der Adsorbate, welche aus DFT-Berechnungen folgen, liegen im Bereich der Kopplungskonstanten γ für Hopping zwischen nächsten Nachbarn in Graphen, weshalb ein störungstheoretischer Ansatz nicht mehr zulässig ist. Ein wesentliches Ergebnis der theoretischen Untersuchung ist in Abbildung 5.6 exemplarisch dargestellt.

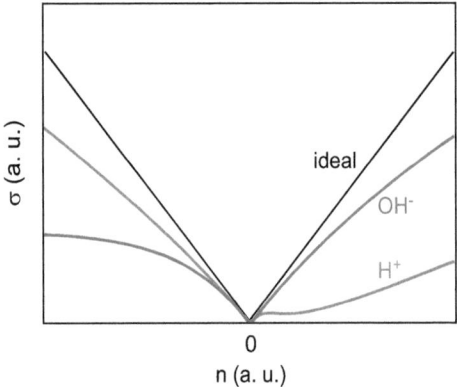

Abbildung 5.6: Simulation der Leitfähigkeit von Graphen nach Robinson et al. [115] unter Einfluss von Adsorbaten. Die schwarze Kurve ist der Feldeffekt in idealem Graphen. Für p-dotierende Adsorbate (hier H$^+$, rote Kurve) bzw. n-dotierende Adsorbate (OH$^-$, blaue Kurve) treten charakteristische Asymmetrien in der Leitfähigkeit rechts und links des Neutralitätspunktes auf.

Wie zu erkennen, sagt die Theorie nicht nur eine Asymmetrie der Leitfähigkeit bei Anwesenheit von

5.3 Asymmetrie der Elektronen- und Lochbeweglichkeit

Adsorbaten voraus, sondern zudem eine Abhängigkeit der Lage der Asymmetrie von der Art des Adsorbates. So führt p-dotierendes H^+ offensichtlich zu einer Unterdrückung der n-Leitfähigkeit, während OH^- umgekehrt die p-Leitfähigkeit herabsetzt. Robinson et al. [115] sagen zudem vorher, dass im Falle größerer Adsorbatkonzentrationen und stärkerer Bindung zum Graphen, die Symmetrie des Kristallgitters gebrochen wird, und Anderson-Lokalisierung auftreten kann. Indizien dafür treten in Experimenten auf, welche Gegenstand des nächsten Kapitels sind.

Um die Vorhersage des ersten Teils der Theorie zu überprüfen kann man die zu Beginn dieses Kapitels eingeführte Methode zur chemischen Dotierung verwenden und die Lage der Asymmetrie in Abhängigkeit von Dotierung untersuchen. Als Dotierstoff wird wieder eine Mischung von 1% Ammoniak in Helium 6.0 nach der in Abschnitt 5.2 beschriebenen Methode verwendet. Anstelle der Probenkammer zur RT-Feldeffektmessung (links in Abbildung 5.1) wird hier die Probenkammer eines Probenstabes zur Tieftemperaturmessung an das Ventilsystem angeschlossen.

Die Vorbereitung der Apparatur zum Dotieren wird genauso ausgeführt wie zuvor und der Probenstab mit eingebauter Probe kann anstelle der Probenkammer angeschlossen werden. Über die Ventile 5 & 6 werden sowohl der Probenstab als auch die Verbindungsleitungen kurz evakuiert, um Luft zu entfernen. Längeres Abpumpen ist hier nicht angebracht, da dies die intrinsische Dotierung der Probe verändern würde (vgl. Abschnitt 4.3), welche in diesem Experiment gezielt durch Dotieren beeinflusst werden soll, um Änderungen der Elektronen- bzw. Lochasymmetrie zu beobachten. Der Probenstab ist so konstruiert, dass er sich nach dem Dotieren bei den Ventilen 4 & 5 von der Apparatur trennen lässt, ohne dass Umgebungsluft in den Probenraum gelangt. Zusammen mit dem Ventil 4 kann der Probenstab dann sofort an den Kryostaten angeflanscht werden und die Probe ohne Luftexposition ins Heliumbad abgesenkt werden. Die zuvor eingestellte Dotierung wird so bei tiefer Temperatur fixiert und die Probe ist bereit für die Messung. Diese Prozedur kann wiederholt werden, um die Probe schrittweise höher zu dotieren. In Abbildung 5.7 ist das Ergebnis von drei Dotierzyklen dargestellt. Die schwarze Kurve ist eine frisch präparierte Probe mit intrinsischer p-Dotierung, welche bereits eine Asymmetrie aufweist. Die hier gezeigten Messungen wurden bei 1,5 K durchgeführt, da die Hysterese bei tiefen Temperaturen ausgefroren ist und somit allein die Asymmetrie untersucht werden kann.

Neben der Verschiebung des Neutralitätspunktes nach links, tritt ein Wechsel in der Lage der Asymmetrie auf (rote, grüne, blaue Kurven in Abbildung 5.7). Außerdem steigt die "minimal conductivity" mit jedem Dotierschritt von ca. $8\,e^2/h$ auf $13\,e^2/h$. Die Verschiebung des Neutralitätspunktes zeigt wie erwartet an, dass Ammoniak mit dem Graphen in Kontakt tritt und Elektronen zum 2DES beiträgt. Dazu belegt der Anstieg der "minimal conductivity", dass die Ladungsinhomogenität der Probe zunimmt und somit die Dotierung nicht räumlich homogen stattfindet. Dies ist konsistent mit dem Bild der "Elektron-Loch Pfützen", welche in Abschnitt 3.2 ausführlich diskutiert wurden.

Das Volumen von 232,5 ccm der Ammoniakmischung (1% NH_3 in He) im Dosierzylinder enthält bei

5 Chemische Dotierung

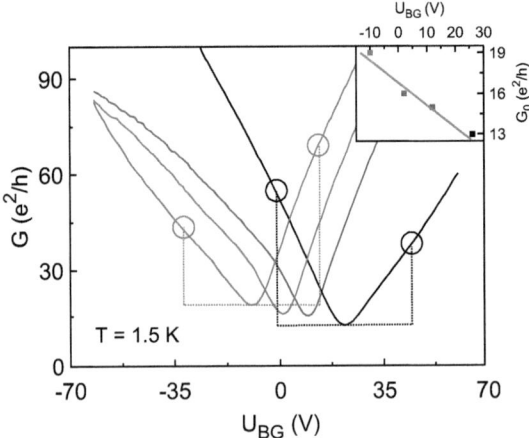

Abbildung 5.7: Änderung der Elektronen- bzw. Lochasymmetrie durch Dotierung mit Ammoniak. Jede Kurve wurde 1 h nach Dotierung mit 0,1 mmol NH_3 bei 1,5 K im Kryostaten gemessen. Man beachte die linear zunehmende minimale Leitfähigkeit G_0 mit steigender Dotierung (Inset).

Normalbedingungen eine Stoffmenge von 0,1 mmol Ammoniak oder ca. $6 \cdot 10^{19}$ Moleküle. Legt man die Adsorptionsposition (Z, u) (vgl. Abschnitt 5.2) zugrunde, welche eine Fläche von $5{,}24 \cdot 10^{-20}\,m^2$ belegt, ergeben sich bei einer Größe der Graphenprobe von $5 \cdot 10^{-11}\,m^2$ ca. 10^9 Adsorptionsplätze. Die zugeführte Stoffmenge Ammoniak enthält also viele Größenordnungen mehr Ammoniak, so dass selbst bei unvermeidbarer Adsorption von Ammoniak auf den Wänden der Apparatur immer noch signifikante Mengen auf die Probe gelangen. Würden alle Adsorptionsplätze (Z, u) von Ammoniak belegt und jedes Ammoniakmolekül ein Elektron an das 2DES abgeben, so entspräche dies einer Erhöhung der Elektronendichte um $1{,}9 \cdot 10^{15}\,cm^{-2}$. Nach dem ersten Dotierzyklus wird eine Verschiebung um ca. 13 V bzw. $1 \cdot 10^{12}\,cm^{-2}$ gemessen (rote Kurve). Dies ist 3 Größenordnungen niedriger als der Maximalwert, wobei sich nach jeder weiteren Dotierung der Neutralitätspunkt erneut um ca. 13 V verschiebt (grüne und blaue Kurve).

Insgesamt belegen obige Versuche qualitativ die Vorhersagen von Robinson et al. [115] und stimmen mit Beobachtungen aus anderen experimentellen Arbeiten [127, 128] überein.

6 Künstliche Defekte

In den beiden vorangegangenen Kapiteln wurden schwach gebundene Adsorbate untersucht, welche die Transporteigenschaften von Graphen, vor allem die Elektronen-/Lochasymmetrie, die intrinsische Dotierung sowie die "minimal conductivity" signifikant beeinflussen. Da die Adsorbate langreichweitige Coulomb-Störstellen darstellen und Dirac-Fermionen insensitiv gegenüber coulomb-artigen Potentialen sind (vgl. Abschnitt 1.6.1), wird bspw. die Ladungsträgermobilität durch Ausheizen (Reduzierung der Adsorbatkonzentration) oder chemisches Dotieren (Erhöhung der Adsorbatkonzentration) wenig beeinflusst.

In diesem Kapitel geht es um die Erzeugung künstlicher Modifikationen in Form von zweidimensionalen Punktgittern bzw. eindimensionalen Liniengittern mittels Elektronenstrahl. Die modifizierten Proben zeigen bei Transportexperimenten im Magnetfeld einige Effekte, welche mit kurzreichweitigen Störstellen erklärt werden können. Kurzreichweitige Störstellen können die Separation der Graphenuntergitter aufheben und zu Inter-Valley-Streuung führen, wodurch der Pseudospin keine Erhaltungsgröße mehr ist (vgl. Abschnitt 1.6.1) und Dirac-Fermionen somit sensitiv gegenüber Rückstreuung werden. Dies führt zu reduzierter Beweglichkeit und anderen Phänomenen, welche in Graphen normalerweise unterdrückt sind. Dazu gehören schwache Lokalisierung sowie "Universal Conductance Fluctuations" aufgrund kohärenter Rückstreuung. Für sehr starke Modifikationen tritt ein Metall-Isolator-Übergang auf, welcher auf eine veränderte Gittersymmetrie hinweist [129–131]. Semiklassische Effekte, die auf die Kommensurabilität zwischen Zyklotronradius bzw. der magnetischen Länge und der Periode des Punkt- bzw. Liniengitters zurückzuführen sind, können nicht eindeutig nachgewiesen werden.

6.1 Elektronenstrahlerzeugung künstlicher Defekte

Die Methode zur Probenstrukturierung ist äußerst einfach, da fertig kontaktierte Proben ohne weitere Lithographie direkt mit dem Elektronenstrahl modifiziert werden. Dabei werden sowohl eindimensionale Gitter in Form periodischer Linien aufgebracht als auch zweidimensionale Punktgitter. Zur Strukturierung wird konventionelle Elektronenstrahllithographie bei einer Beschleunigungsspannung von 30 keV verwendet. Die Elektronenenergie liegt damit weit unterhalb des Grenzwertes zur Erzeugung struktureller Defekte, wie er von Untersuchungen mit CNTs bzw. aus aktuellen Experimenten

6 Künstliche Defekte

im Transmissionselektronenmikroskop (TEM) bekannt ist. Der Grenzwert liegt bei Elektronenenergien um 80 keV. Darunter werden keine strukturellen Defekte erzeugt, da die Kohlenstoffbindung sehr robust ist. Erst bei längerer Bestrahlung mit höherenergetischen Elektronen über 80 keV kommt es zur Bildung typischer struktureller Defekte [132], die in Form von Pentagons bzw. Heptagons sowie sowie als abgetrennte Kohlenstoffketten auftreten, anstelle der Hexagons im defektfreien Gitter. Aufgrund der geringeren Spannung bei der Strukturierung der hier untersuchten Proben kann man also annehmen, dass Änderungen im elektronischen Verhalten des Graphens nicht von strukturellen Defekten verursacht werden sondern v. a. von chemischen Modifikationen.

Die modifizierten Bereiche können mittels hochauflösendem AFM charakterisiert werden (Abbildung 6.1). Für die hier gezeigte Probe wurde eine kontaktierte Graphenmonolage, zwischen zwei unterschiedlichen Kontaktpaaren, auf einer Länge von etwa 1 μm jeweils mit einem eindimensionalen Liniengitter strukturiert. Die Linien sind ca. 1,3 μm lang und überdecken die Ränder der Graphenflocke zu beiden Seiten. Das AFM-Bild zeigt einen modifizierten Probenbereich in zwei verschiedenen Vergrößerungen. Dabei sind die modifizierten Bereiche an etwa 2,5 nm erhöhten Abscheidungen auf dem Graphen zu erkennen, welche eine Periode von 60 nm aufweisen (s. Linescan, dargestellt im Inset rechts oben). Die Periode kann zwischen 40 nm und 200 nm reproduzierbar variiert werden, indem das entsprechende Muster mit dem Elektronenstrahl geschrieben wird.

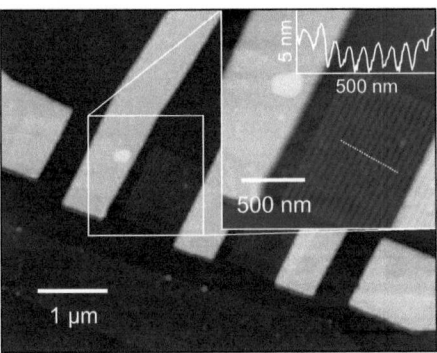

Abbildung 6.1: Rasterkraftmikroskopische Aufnahme einer kontaktierten Graphenmonolage, auf die eindimensionale Liniengitter mittels Elektronenstrahl strukturiert wurden. Das Inset zeigt den linken strukturierten Bereich in Vergrößerung. Die gepunktete Linie ist ein Linescan über 500 nm, welcher im zweiten Inset rechts oben gezeigt ist. Die Höhe der Modifikationen beträgt ca. 2,5 nm. Ihr Abstand ist etwa 50 nm. Das AFM-Bild wurde von M. Liebmann angefertigt [133].

Eine solche Probe ermöglicht die elektrische Charakterisierung periodisch wiederkehrender Modifikationen des Graphens in Vierpunktgeometrie. Die Linien bestehen vermutlich aus Kohlenstoff, der unter dem Einfluss des Elektronenstrahls aus Kohlenwasserstoffen erzeugt wird, welche die meisten Oberflächen bedecken. Dieses Phänomen ist in der Elektronenmikroskopie bekannt und wird dort

6.1 Elektronenstrahlerzeugung künstlicher Defekte

zum "Brennen" von Kohlenstoffsäulen ausgenutzt, welche als Fokussierhilfe dienen. Daneben spielen aber auch die Oberflächenadsorbate eine Rolle, welche speziell die Graphenoberfläche bedecken. Diese können an einer umfangreichen Oberflächenchemie teilnehmen, da der Elektronenstrahl die nötige Energie in Form von Wärme liefert und zudem auch Elektronen zuführt, welche elektrochemische Reaktionen bewirken können. Weiterhin gibt es Anzeichen dafür, dass Graphen katalytisch aktiv ist und u.a. zu einer Spaltung von Wasser in Hydronium- (H_3O^+) und Hydroxylionen (OH^-) führt [134]. Diese können kovalente Bindungen mit Graphen eingehen und lokal vermutlich zur Bildung von Graphenoxid oder Graphan führen. Letzteres konnte auch durch Behandlung von Graphen in einem Wasserstoffplasma, aufgrund der Reaktion mit atomarem Wasserstoff, erzeugt werden [135]. Eine ähnliche Reaktion wäre auch als elektrochemische Variante denkbar, wenn Wasserstoff "in statu nascendi" mit Graphen reagiert, welcher im Elektronenstrahl aus Wasser gebildet werden könnte.

Um diese zahlreichen Möglichkeiten und Hypothesen detailiert zu analysieren, sind hochortsauflösende spektroskopische Untersuchungsmethoden notwendig, welche die chemische Zusammensetzung der Modifikationen aufklären können. Ein erster Ansatz wäre Rastertunnelmikroskopie (STM) an Graphen, welche die Möglichkeit von Tunnelspektroskopie bietet. Damit wäre eine Aussage über die Bandstruktur bzw. das Vorhandensein und die Größe einer Bandlücke in den modifizierten Bereichen möglich. Transmissionselektronenmikroskopie (TEM) und Sekundärionenmassenspektroskopie (SIMS) könnten Einblicke in die chemische Struktur der Modifikationen ermöglichen. Alle diese Verfahren stehen zum gegenwärtigen Zeitpunkt allerdings nicht in der Form zur Verfügung, um sie unmittelbar auf Graphen anzuwenden. Insbesondere im Fall von STM ist die routinemäßige Annäherung und Positionierung von Graphenmonolagen im Mikroskop noch ein großes Problem. Die funktionale Charakterisierung der Modifikationen wird daher in dieser Arbeit im Hauptschwerpunkt, dem elektronischen Transport, erfolgen.

Zum Schluss dieses Abschnitts soll noch eine detailliertere AFM-Aufnahme der Modifikation betrachtet werden, welche in Abbildung 6.2 als 3D-Darstellung abgebildet ist. Die Aufnahme zeigt einen Ausschnitt des Liniengitters in der Nähe eines Goldkontaktes, der als gelber, erhöhter Bereich im hinteren, linken Teil des Bildes zu sehen ist. Die Graphenflocke ist dabei nicht direkt erkennbar. Auffällig sind die punktförmigen Erhöhungen, die sich im vorderen Teil des Bildes, vor allem links neben den Linien, konzentrieren. Dabei handelt es sich vermutlich um Ansammlungen von Adsorbaten, welche im AFM einen chemischen Kontrast bedingen und daher höher erscheinen, als sie wirklich sind. Neben den eindimensionalen Liniengittern, welche in diesem Abschnitt mittels AFM untersucht wurden, kann man auch zweidimensionale Punktgitter erzeugen, indem der Elektronenstrahl entsprechend über die Probe geführt wird und Punkte in gewünschtem Abstand "gebrannt" werden. Da die Liniengitter durch Belichtung von Reihen sehr eng liegender Punkte erzeugt werden, ist anzunehmen, dass die Struktur und Höhe einzelner Punkte nicht wesentlich von den Linien abweicht. Lediglich der Abstand zwischen den Punkten ist so groß ($>20\,nm$), dass es zu keinem Überlapp mehr

6 Künstliche Defekte

Abbildung 6.2: Rasterkraftmikroskopische Aufnahme des eindimensionalen Liniengitters aus Abbildung 6.1 in höherer Vergrößerung und 3D-Darstellung. AFM-Bild angefertigt von [133]

kommt. Daher wurde auf die Anfertigung hochauflösender AFM-Aufnahmen von zweidimensionalen Punktgittern verzichtet.

Da die Interpretation von Transportmessungen in einem zweidimensionalen Gitter zunächst einfacher ist, werden im folgenden Abschnitt entsprechende Messungen an Proben betrachtet, die mit Punktgittern strukturiert wurden. Eindimensionale Liniengitter sind Gegenstand des übernächsten Abschnitts.

6.2 Transport in Graphen mit künstlichen Defekten

In diesem Abschnitt werden verschiedene Graphenproben untersucht, die zweidimensionale Punktgitter mit unterschiedlichen Belichtungsdosen (= Verweilzeit des Elektronenstrahls je Punkt) enthalten. Die lokale Modifikationsstärke wird also über die Belichtungsdosis variiert. Alle Proben wurden nach dem in dieser Arbeit entwickelten Prozess hergestellt, zu Hallbars strukturiert und elektrisch kontaktiert (vgl. Kapitel 2). Dabei wurde die Kontaktierung so konstruiert, dass jeweils zwei separate Bereiche existieren, von denen einer modifiziert wird, während der andere als Referenz dient. Somit lassen sich Änderungen in der FE-Charakteristik, Dotierung etc. sowie im Verhalten im Magnetfeld eindeutig zeigen und auf die Modifikation zurückführen. Um den Effekt der Modifikation im elektrischen Transport zu untersuchen, wurde eine Hallbar zur Hälfte mit einem Punktgitter von $a = 40$ nm Periode strukturiert. Als Belichtungsdosis wird mit 10 ms ein sehr hoher Wert gewählt[1], um einen maximalen Effekt zu erzielen. Die andere Hälfte der Probe bleibt unbehandelt. In Abbildung 6.3

---
[1] Die Belichtungszeiten von Lacken in der Lithographie liegen normalerweise im Bereich von einigen μs.

6.2 Transport in Graphen mit künstlichen Defekten

ist die Feldeffektmessung bei 1,5 K für beide Probenhälften dargestellt. Die Skizze veranschaulicht

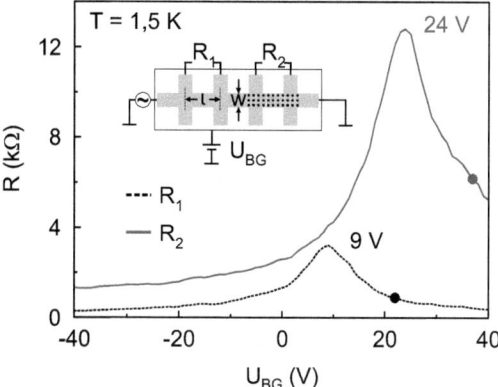

Abbildung 6.3: Feldeffektcharakteristik einer Graphenmonolage mit Modifikation (rote Kurve, R_2) im Vergleich zur unbehandelten Probe (schwarze Kurve, R_1). Der rechte Teil der Probe wurde mit einem Punktgitter von 40 nm Periode und einer Belichtungszeit von 10 ms pro Punkt strukturiert (s. Skizze). Dieser Bereich weist eine höhere p-Dotierung und einen höheren Widerstand am Neutralitätspunkt auf. Die Beweglichkeit im unmodifizierten Bereich beträgt ca. 3000 cm²/Vs gegenüber ca. 500 cm²/Vs im modifizierten Bereich. Der Geometriefaktor w/l ist hier 1,6. Die beiden Punkte (rot und schwarz), rechts der Kurvenmaxima, markieren die Ladungsträgerdichte von $1 \cdot 10^{12}$ cm^{-2} relativ zum Neutralitätspunkt, bei der die Messungen in Abbildung 6.4 durchgeführt werden.

die Probengeometrie und die Zuordnung der beiden Messgrößen R_1 und R_2. Sofort erkennbar ist die Verschiebung der zum modifizierten Bereich gehörigen roten Kurve um 15 V nach rechts und bedeutet eine erhöhte p-Dotierung gegenüber der unbehandelten Flocke. Gleichzeitig liegt der maximale Widerstand am Neutralitätspunkt bei etwa 12,5 kΩ, während der unbehandelte Teil etwa 3 kΩ erreicht. Vergleicht man diese Beobachtung mit den Resultaten der vorangegangenen Abschnitte, so fällt auf, dass hier ein entgegengesetztes Verhalten vorliegt, verglichen mit dotierten Proben. Im Kapitel über chemische Dotierung wurde festgestellt, dass der Widerstand am Neutralitätspunkt mit zunehmender Dotierung sinkt, da die Inhomogenität geladener Störstellen und der damit verbundenen "electron-hole" Puddles zunimmt. Dies führt zu erhöhter Leitfähigkeit am Neutralitätspunkt, da Elektronen und Löcher in Graphen in gleicher Weise zum Transport beitragen. Bei der hier vorliegenden Probe tritt nun der Fall auf, dass sich die p-Dotierung erhöht und gleichzeitig der Widerstand am Neutralitätspunkt steigt. Dies kann damit erklärt werden, dass Adsorbate durch die Elektronenstrahlmodifikation vermehrt an das Graphen gebunden wurden und somit gegenüber dem Referenzbereich eine erhöhte Dotierung gemessen wird. Gleichzeitig wirken die stark gebundenen Adsorbate, im Gegensatz zur schwachen Bindung bei der chemischen Dotierung, als kurzreichweitige Störstellen und nicht als langreichweitige Coulomb-Störstellen. Letztere haben auf die Ladungsträger

6 Künstliche Defekte

in Graphen keinen Einfluss, da Dirac-Fermionen insensitiv gegenüber geladenen Störstellen sind. Die Erzeugung stark gebundener Adsorbate führt nun aber zu erhöhter Rückstreuung der Ladungsträger im Transport und bedingt u.a. die gegenüber der unbehandelten Probe um einen Faktor 6 reduzierte Beweglichkeit von $500\,\text{cm}^2/\text{Vs}$. Das Dotierungsniveau der modifizierten Probenhälfte liegt mit ca. 24 V dabei im Bereich frisch präparierter Proben (vgl. Abschnitt 2.3.3) und kann somit nicht für die geringe Beweglichkeit verantwortlich sein.

Einen Hinweis liefert der Probenwiderstand der modifizierten Probenhälfte am Neutralitätspunkt, welcher bei $\approx 12{,}5\,\text{k}\Omega$ liegt. Die Probe befindet sich damit am Übergang in den Bereich starker Lokalisierung, welche für Probenwiderstände oberhalb $h/2e^2 \approx 12{,}5\,\text{k}\Omega$ vorliegt [136, 137]. Man kann also ein gänzlich anderes Verhalten erwarten, als von einer Graphenprobe, welche lediglich hochdotiert ist. Im Magnetfeld zeigen sich wesentliche Unterschiede im Verhalten der beiden Probenbereiche. So wird im modifizierten Bereich ein ausgeprägter negativer Magnetowiderstandseffekt mit einer Änderung des Widerstandes von $-5\,\text{k}\Omega$ bei 3 T gemessen. Der Referenzbereich zeigt dagegen im untersuchten Magnetfeldintervall von ± 3 T keinerlei Anzeichen einer Magnetfeldabhängigkeit des Widerstandes. Die Messungen sind in Abbildung 6.4 gezeigt. Es wurde für beide Bereiche eine Elektronendich-

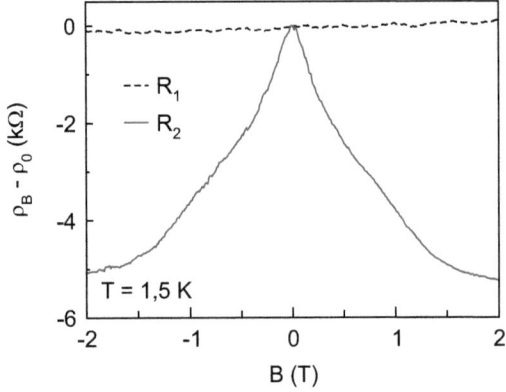

Abbildung 6.4: Negativer Magnetowiderstand $\rho_B - \rho_0$ im modifizierten Teil der Probe aus Abbildung 6.3. ρ_0 ist der spezifische Widerstand ohne Magnetfeld. Die Zuordnung der Kurven R_1 und R_2 entspricht der Skizze aus Abbildung 6.3. Beide Kurven wurden bei einer Elektronendichte von $1 \cdot 10^{12}\,\text{cm}^{-2}$ gemessen, bezogen auf den jeweiligen Neutralitätspunkt der beiden Bereiche (s. roter bzw. schwarzer Punkt in der vorigen Abbildung).

te von $1 \cdot 10^{12}\,\text{cm}^{-2}$ eingestellt, wobei der jeweilige Neutralitätspunkt (9 V bzw. 24 V) entsprechend berücksichtigt wurde, um Vergleichbarkeit zu gewährleisten (s. die beiden Markierungen (rot bzw. schwarz) in Abbildung 6.3). Eine mögliche Erklärung für den negativen Magnetowiderstandseffekt ist die Interferenz kohärent rückgestreuter Elektronenwellen, welche den Widerstand der Probe gegenüber ihrem klassischen Wert erhöht, wenn kein Magnetfeld anliegt. Das Magnetfeld zerstört die Phasenbeziehung zwischen den rückgestreuten Wellen, die Lokalisierung wird aufgehoben und der Widerstand sinkt bis auf seinen klassischen Wert.

Kohärente Rückstreuung kann bei elektromagnetischen Wellen im allgemeinen beobachtet werden. Fällt eine Welle auf eine Anordnung verteilter Streuobjekte, so tritt im Winkelbereich um die Einfallsachse verstärkt Rückstreuung auf. Dies wurde bspw. bei der Streuung von Laserlicht in einer Suspension von Latexkugeln beobachtet [138]. Die Begründung liegt darin, dass sich die Wahrscheinlichkeitsamplituden für alle denkbaren Wege ausmitteln, die ein Teilchen zwischen zwei Streuereignissen durchlaufen kann, da ihre Phasen nicht korreliert sind (Abbildung 6.5a). Nur für den speziellen Fall direkter Rückstreuung bei Umkehrung des Pfades bzw. der Zeitrichtung (time-reversal symmetry), tritt konstruktive Interferenz auf und die Wahrscheinlichkeit für diesen Fall, gegenüber allen anderen, wird erhöht (Abbildung 6.5b). Dies kann mit einfacher Summation quantenmechanischer

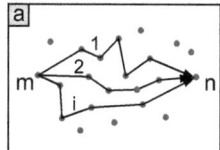
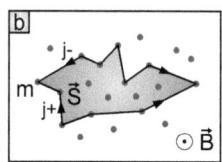

Abbildung 6.5: Schematische Illustration des Ursprungs von "weak localization". (a) Einige Beispiele möglicher Pfade $1...i$ für Streuung eines Teilchens von m nach n. (b) Spezialfall der Rückstreuung von m nach m aufgrund von "time-reversal symmetry". Die Interferenz der Wahrscheinlichkeitsamplituden macht diesen Fall um einen Faktor 2 wahrscheinlicher als (a). $\vec{S}$ bezeichnet die umschlossene Fläche, sowie $\vec{B}$ das Magnetfeld, $j+$ und $j-$ sind die hin- und rücklaufenden Trajektorien.

Wahrscheinlichkeitsamplituden gezeigt werden [139]. So gilt für die Wahrscheinlichkeit $P(m \to n)$ für Streuung von m nach n, welche sich aus der Summe der Wahrscheinlichkeitsamplituden A_i aller denkbaren i Pfade zwischen m und n (Abbildung 6.5a) ergibt:

$$P(m \to n) = \left| \sum_i A_i \right|^2 = \sum_i |A_i|^2 + \sum_{i \neq j} A_i A_j^2. \quad (6.1)$$

Die Summe ganz rechts in der Gleichung ist ein Interferenzterm, welcher im Normalfall wegfällt, da die Phasen der verschiedenen Pfade nicht korreliert sind und daher im Mittel keine konstruktive Interferenz auftritt. Einzige Ausnahme ist der Fall $A_{j+} = A_{j-} = A_i$ (Abbildung 6.5b), bei dem Rückstreuung in den Ausgangszustand m stattfindet und bei Abwesenheit eines Magnetfeldes die Phasen der hin- und rücklaufenden Pfade identisch sind. Damit ergibt sich für die Wahrscheinlichkeit $P(m \to m)$ aufgrund von "time-reversal symmetry":

$$P(m \to m) = |A_{j+} + A_{j-}|^2 = 4 |A_i|^2. \quad (6.2)$$

6 Künstliche Defekte

Diese Wahrscheinlichkeit ist doppelt so hoch wie für den Fall ohne "time-reversal". Stellt man sich eine reale Probe vor, welche aus vielen Regionen mit dem beschriebenen Verhalten besteht, so lässt sich damit die Lokalisierung der Ladungsträger auf einer quantenmechanischen Trajektorie und die damit verbundene Widerstandserhöhung intuitiv verstehen. Ein Magnetfeld bricht die "time-reversal symmetry", da die Phasen von hin- und rücklaufenden Pfaden nun unterschiedlich sind und keine konstruktive Interferenz mehr stattfindet (Abbildung 6.5b). Die Phase Φ_{j+}, welche die Teilchen entlang der Trajektorie ds unter dem Einfluss des Vektorpotentials $\vec{A}$ sammeln ist

$$\Phi_{j+} = \frac{e}{\hbar} \int_j \vec{A}\, ds = \frac{e\vec{B}\vec{S}}{\hbar}. \tag{6.3}$$

Für die Phasen auf der zeitumgekehrten Trajektorie gilt entsprechend

$$\Phi_{j-} = \frac{-e\vec{B}\vec{S}}{\hbar}. \tag{6.4}$$

$\vec{S}$ bezeichnet dabei die Fläche, welche von den Trajektorien umschlossen wird. Aus den Gleichungen 6.3, 6.4 wird sofort ersichtlich, dass die Größe der eingeschlossenen Fläche $\vec{S}$ sowie des Magnetfeldes $\vec{B}$ die Phasenänderung bestimmen. In einer Probe mit sehr großer Phasenkohärenzlänge würden die Streupfade eine größere Fläche umlaufen, als in Proben mit geringer Phasenkohärenz. Umgekehrt wäre das kritische Magnetfeld, welches erforderlich ist, um die Interferenz zu zerstören umso größer, je kleiner die umschlossene Fläche bzw. die Phasenkohärenzlänge ist. Denn eine kleinere Umlaufzeit bedeutet bei gleichem Magnetfeld eine geringere Phasenänderung für die beiden Pfade. Das bedeutet in Proben mit wenigen inelastischen Störstellen ist die Phasenkohärenzlänge groß und damit das zur Unterdrückung von Interferenz erforderliche Magnetfeld klein. Der negative Magnetowiderstand wäre also nur bei sehr kleinen Magnetfeldintervallen messbar. Dies führt in Graphen normalerweise dazu, dass das Phänomen der "weak localization" unterdrückt ist, da die intrinsische Wellung ("Ripples", vgl. Abschnitt 1.3) ein effektives Magnetfeld (Eichfeld) bedingt [140], welches die "time-reversal symmetry" bricht [55, 56].

Die Einführung künstlicher Defekte bewirkt eine Erhöhung des kritischen Feldes, welches erforderlich ist, um die Phasenkorrelation und damit die Interferenz zu zerstören. In der theoretischen Untersuchung der "weak localization" in Graphen von Falko et al. [14] wird gezeigt, dass Inter-Valley-Streuung erforderlich ist, um den negativen Magnetowiderstand zu messen. Inter-Valley-Streuung ist gleichbedeutend mit aufgehobener Pseudospinerhaltung, welche sich darin äußert, dass Dirac-Fermionen nun an geladenen Störstellen gestreut werden können (vgl. Abschnitt 1.6.1). Diese Betrachtung wäre konsistent mit der stark reduzierten Beweglichkeit bzw. mittleren freien Weglänge in der Probe, welche auf das Vorhandensein vieler Defekte hinweist.

Strukturiert man ein identisches Punktgitter ($a = 40$ nm) mit einer kleineren Belichtungsdosis von

4 ms, so beobachtet man wiederum schwache Lokalisierung und den zugehörigen negativen Magnetowiderstand (Abbildung 6.6). Die Widerstandsänderung liegt nun allerdings nur noch bei 120 Ω und das kritische Feld, welches den Effekt vollständig unterdrückt, liegt bei ca. 100 mT. Die Größe des Effekts hängt also von der Stärke der Modifikation ab, welche über die Bestrahldauer kontrolliert wird. Bei Magnetfeldern oberhalb 100 mT treten Leitfähigkeitsfluktuationen auf, welche anhand ihrer

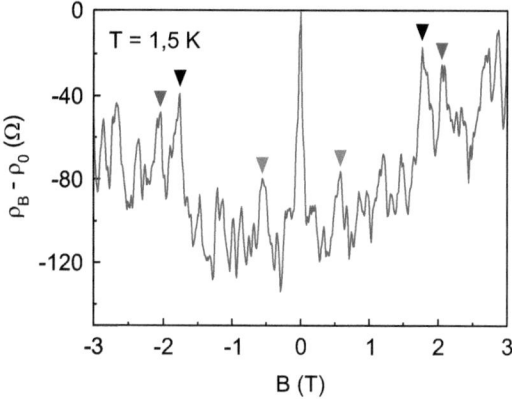

Abbildung 6.6: "Weak localization" und Leitfähigkeitsfluktuationen in einer Probe mit einem Punktgitter von 40 nm Periode. Die Belichtungszeit je Punkt bei der Strukturierung war 4 ms. Die farbigen Dreiecke markieren charakteristische Peaks, welche für beide Magnetfeldrichtungen auftreten und die Symmetrie der Fluktuationen verdeutlichen. Die Ladungsträgerdichte in der Probe beträgt $7 \cdot 10^{12}$ cm^{-2}.

Symmetrie, angedeutet durch die farbigen Dreiecke, von Rauschen unterschieden werden können. Zwischen positiven und negativen Magnetfeldern sind sich wiederholende Peaks zu erkennen. Die Beweglichkeit der Probe liegt bei 1500 cm^2/Vs und damit dreimal höher als bei der mit 10 ms intensiver modifizierten Probe zuvor. Das bedeutet die mittlere freie Weglänge wäre dreimal höher und unter der Voraussetzung, dass nur inelastische Störstellen die Beweglichkeit limitieren, wäre die Phasenkohärenzlänge entsprechend dreimal weniger begrenzt. Nach der obigen Argumentation wäre das kritische Feld damit 9-mal höher, da die Phasenkohärenzlänge quadratisch in die umschlossene Fläche eingeht. Um die gleiche Phasendifferenz und Zerstörung der Lokalisierung zu erreichen, ist somit ein kritisches Feld in der Größenordnung von ca. 1 T notwendig. Dies ist konsistent mit der Messung an der stark modifizierten Probe aus Abbildung 6.4, die im Feldbereich bis 2 T einen stark ausgeprägten negativen Magnetowiderstand zeigt[2].

---

[2] Neben der Argumentation mit Quanteninterferenz sind auch semi-klassische Effekte sowie Elektron-Elektron Wechselwirkungen mögliche Ursachen für negative Magnetowiderstandseffekte [141, 142]. Die charakteristische Wurzelabhängigkeit zwischen Magnetfeld und Ladungsträgerdichte, wie sie für semi-klassische Kommensurabilitätseffekte zwischen Gitterperiode und magnetischer Länge auftritt, konnte nicht nachgewiesen werden.

6 Künstliche Defekte

Interessanterweise gibt es Graphenmonolagen, welche eine intrinsische Beweglichkeit in einem ähnlichen Bereich aufweisen und dennoch keine "weak localization" oder andere Interferenzeffekte zeigen. Man kann also nicht generell aus der Beweglichkeit auf die Anzahl von Störstellen schließen, die phasenkohärente Pfade begrenzen und somit zur Beobachtbarkeit von Interferenzeffekten beitragen. So könnten "Ripples" die Mobilität limitieren und gleichzeitig "weak localization" unterdrücken (s. Argumentation "Eichfeld" oben und [55, 56, 140]). Viele Aspekte im Zusammenhang mit Adsorbaten, Defekten und der Ladungsträgermobilität in Graphen sind noch völlig unverstanden. Die Ergebnisse der vorigen Kapitel 4, 5 sowie dieses Abschnitts lassen sich aber in wesentlichen Punkten zusammenfassen: (I) "Weak localization" ist in Graphen unterdrückt, kann aber durch Erzeugung künstlicher Defekte hervorgerufen werden. Die Größe des negativen Magnetowiderstandseffekts hängt dabei von der Modifikationsstärke ab. (II) Dotierung und Ladungsträgermobilität werden durch die Modifikationen stark beeinflusst, während einfache chemische Dotierung keinen bzw. nur einen geringen Einfluss auf die Mobilität hat. Da Coulomb-Störstellen in Graphen keinen Einfluss auf die Rückstreuung von Ladungsträgern haben, muss bei Proben mit reduzierter Mobilität mindestens ein weiterer Defekttyp vorliegen. (III) Störstellen, welche Dirac-Fermionen streuen können, führen nicht zwingend zu Interferenzeffekten.

Die Proben, welche in diesem Abschnitt behandelt wurden, befanden sich im Regime schwacher Lokalisierung, da die minimale Leitfähigkeit über $2e^2/h$ lag. Die eigentlichen Messungen wurden zudem bei höheren Ladungsträgerdichten durchgeführt, abseits der minimalen Leitfähigkeit. Reduziert man die Probenlänge bspw. durch Erzeugung schmaler Streifen, senkrecht zur Transportrichtung und limitiert die mittlere freie Weglänge durch künstliche Defekte sowie Verringerung der Ladungsträgerdichte mittels Gate, so müsste die Probe ins Regime starker Lokalisierung übergehen. Dies wird im nächsten Abschnitt anhand eindimensionaler Liniengitter untersucht, wie sie im ersten Abschnitt des Kapitels bereits als AFM-Aufnahmen gezeigt wurden.

6.3 Metall-Isolator Übergang in 1D-Liniengittern

Bei den im vorigen Abschnitt untersuchten 2D-Punktgittern existieren unmodifizierte Pfade zwischen den Punkten, in denen Transport ungehindert stattfindet. Im Mittel dominieren diese Bereiche daher die Leitfähigkeit der Probe und starke Lokalisierung aufgrund der Modifikationen tritt nicht auf, da die Lokalisierungslänge l_c größer ist als die Phasenkohärenzlänge l_ϕ. In einem eindimensionalen Liniengitter (Abbildung 6.1 und 6.2), senkrecht zur Stromrichtung, ist die Lokalisierungslänge bereits durch den Abstand der Linien begrenzt. Der Abstand der Linien beträgt ca. 50 nm (s. Abbildung 6.1). Für Graphen ist dabei zusätzlich wichtig, dass die Linien nicht ausschließlich aus elektrostatischen Barrieren bestehen, wie sie bspw. durch ein strukturiertes Topgate erzeugt werden können (vgl. Kapitel 9). Aufgrund der besonderen Tunneleigenschaften von Dirac-Fermionen

(s. Abschnitt 1.6.1) würde keine Lokalisierung auftreten. Entscheidend ist, dass die Linien Eigenschaften kurzreichweitiger Defekte haben, welche Inter-Valley-Streuung begünstigen und somit die Pseudospinerhaltung aufheben, welche im Falle rein coulomb-artiger Barrieren die Lokalisierung der Dirac-Fermionen verhindert. In Folgenden werden eindimensionale Liniengitter untersucht, welche mittels Elektronenstrahl erzeugt wurden, wie zu Beginn dieses Kapitels erläutert.

Eine Probe mit eindimensionalem Liniengitter, ähnlich Abbildung 6.1, zeigt im Feldeffekt bei 150 K (Abbildung 6.7) nicht die typische Betragsfunktion der Leitfähigkeit (s. z.B. Abbildung 3.5), sondern weist drei lineare Abschnitte mit verschiedenen Steigungen auf. Die Abschnitte werden durch zwei

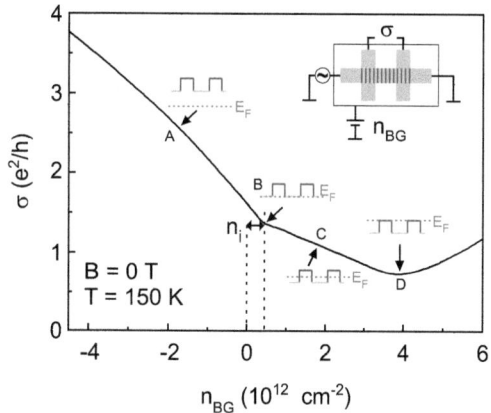

Abbildung 6.7: Spezifische Leitfähigkeit σ einer Graphenprobe mit eindimensionaler Modifikation in Abhängigkeit der globalen Ladungsträgerdichte n. Die Messung wurde bei 150 K in Vierpunktgeometrie (s. Skizze, rechts oben) durchgeführt. Im Unterschied zum Feldeffekt von unmodifiziertem Graphen (s. z.B. Abbildung 3.5) unterteilt sich die Kurve in unterschiedliche Regime. Diese sind mit Skizzen gekennzeichnet, welche die Lage der Fermi-Energie (blau gestrichelt) relativ zur Potentiallandschaft der modifizierten Probe zeigen: (A) E_F weit bei negativen Energien; Coulomb-Anteil der Modifikation abgeschirmt; normaler FE. (B) E_F am Dirac-Punkt der unmodifizierten Bereiche zwischen den Streifen: "normales Graphen" am Leitfähigkeitsminimum; erster Knick. (C) E_F zwischen den Dirac-Punkten: Probe im p-n Regime. (D) E_F am Dirac-Punkt der modifizierten Streifen: "p-dotiertes Graphen" am Leitfähigkeitsminimum; zweiter Knick. n_i bezeichnet die intrinsische Dotierung des unmodifizierten Graphens.

Knicke (B und D) in der Kurve separiert. In der Abbildung sind die Abschnitte mit Skizzen versehen, welche die Lage der Fermi-Energie (blau gestrichelt) relativ zur Potentiallandschaft (grau und rot) der Modulation darstellt. Die grau-rote Rechteckmodulation gibt die Lage des Dirac-Punktes in den verschiedenen Bereichen wieder. Die grauen Abschnitte beziehen sich dabei auf die Probenbereiche zwischen den Streifen, während die roten Rechtecke die Lage der Dirac-Punkte in den bestrahlten Streifen darstellen. In dieser Diskussion wird also zunächst nur die veränderte Dotierung der bestrahlten Bereiche betrachtet und nicht berücksichtigt, welche sonstige Modifikation des Graphens in den

6 Künstliche Defekte

Streifen vorliegt. Die Änderung der Dotierung aufgrund von Elektronenstrahlmodifikation wurde im vorigen Abschnitt anhand der Punktgitter bereits erläutert (s. Abbildung 6.3).

Beginnt man auf der linken Seite der Abbildung bei negativer Gate-Spannung, welche induzierten Löchern im Graphen entspricht, so beobachtet man einen linearen Verlauf mit sinkender Leitfähigkeit bei sinkender Ladungsträgerdichte. Die maximale Leitfähigkeit von ca. $3,8\,e^2/h$ wird in dem betrachteten Intervall bei $-4,5 \cdot 10^{12}\,\text{cm}^{-2}$ erreicht und liegt damit fast zwei Größenordnungen unter dem Wert von etwa $160\,e^2/h$ für unmodifiziertes Graphen bei gleicher Dichte (vgl. Abbildung 3.5). In diesem Bereich liegt die Fermi-Energie sehr weit bei negativen Energien (Punkt A, s. Skizze) und die Probe ist einheitlich lochleitend. Ladungsinhomogenitäten aufgrund von Adsorbaten bzw. das eindimensionale Liniengitter werden weitgehend abgeschirmt. Die Leitfähigkeit hängt hier einfach linear von der Ladungsträgerdichte ab. Die stark reduzierte absolute Leitfähigkeit, verglichen mit unmodifizierten Proben, weist allerdings darauf hin, dass in der Probe Rückstreuung von Ladungsträgern in erheblichem Maße stattfindet. Die Modifikation besitzt also neben Eigenschaften coulomb-artiger Störstellen, welche in diesem Gate-Spannungsbereich abgeschirmt sind, offensichtlich auch kurzreichweitigen Charakter und begünstigt Inter-Valley-Streuung.

Fährt man die Gate-Spannung weiter bis zu einer Dichte von $0,5 \cdot 10^{12}\,\text{cm}^{-2}$, so erreicht man den ersten Knick in der Kurve (Punkt B). Wie aus der Skizze ersichtlich, befindet sich die Fermi-Energie hier am Dirac-Punkt der unbestrahlten Bereiche zwischen den Streifen. Diese verhalten sich wie "normales" Graphen und haben eine mittlere p-Dotierung, n_i, von $-0,5 \cdot 10^{12}\,\text{cm}^{-2}$, wie aus der Lage des Knicks unmittelbar abzuleiten ist. Das Graphen befindet sich in diesen Regionen am Leitfähigkeitsminimum und bestimmt hier die Gesamtleitfähigkeit der Probe.

Wird die Gate-Spannung weiter erhöht, liegt die Fermi-Energie zwischen dem Dirac-Punkt des unveränderten Graphens und jenem in den modifizierten Streifen (s. Skizze an Punkt C). Es liegt also ein pn-Vielfachübergang vor, welcher die Leitfähigkeit in diesem Abschnitt bestimmt. Das Graphen zwischen den Streifen ist n-leitend, während die modifizierten Streifen noch p-leitend sind.

Bei $3,9 \cdot 10^{12}\,\text{cm}^{-2}$ tritt der zweite Knick in der Kurve auf. Die Fermi-Energie liegt nun am Dirac-Punkt der modifizierten, p-dotierten Streifen (s. Skizze bei D). Diese sind jetzt an ihrem Leitfähigkeitsminimum und bestimmen die Probenleitfähigkeit. Weitere Erhöhung der Elektronendichte führt wieder zu einer linear steigenden Leitfähigkeit, bei der alle Probenbereiche n-leitend sind (linearer Kurvenabschnitt ganz rechts).

Mit dieser Betrachtung kann der Kurvenverlauf gut nachvollzogen und einzig damit begründet werden, dass die modifizierten Streifen als höher p-dotierte Probenbereiche einen zweiten Neutralitätspunkt bedingen. Abgesehen von der stark reduzierten absoluten Leitfähigkeit der Probe, sind im Feldeffekt bei 150 K keine Anzeichen für ein von reiner partieller Dotierung abweichendes Verhalten zu finden. Genau das gleiche Verhalten beobachtet man in Proben, welche eine rein coulomb-artige Modulation besitzen. D.h. es tritt im Magnetfeld bspw. keine "weak localization" auf und die La-

6.3 Metall-Isolator Übergang in 1D-Liniengittern

dungsträgermobilität liegt in der Größenordnung reiner Graphenproben. Solche Proben sind Gegenstand des letzten Kapitels 9 dieser Arbeit und dienen dort als Vielfach pn-Übergang, welcher aus einer eindimensionalen periodischen Modulation der Ladungsträgerdichte mittels Interdigital-Topgate erzeugt wird. Details zur der speziellen Topgate-Geometrie sind Abbildung 6.8 zu entnehmen sowie den Erklärungen in Kapitel 9. Hier dient diese Probe als Referenz, um die Eigenschaften einer vor-

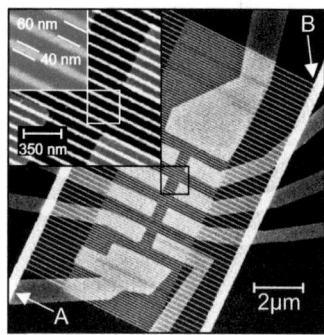

Abbildung 6.8: Elektronenmikroskopische Aufnahme einer kontaktierten Graphenmonolage aus Kapitel 9, welche mit einem periodisch strukturierten Interdigital-Topgate versehen wurde. Die beiden Insets zeigen vergrößerte Ausschnitte der Struktur mit typischen Dimensionen von 40 nm bzw. 60 nm. Die Zuleitungen A und B erlauben die getrennte Ansteuerung der beiden Äste der Interdigital-Elektrode.

wiegend coulomb-artigen Modulation von den hier untersuchten Effekten aufgrund stark gebundener Adsorbate abzugrenzen.

Die Probe mit Topgate erlaubt die unabhängige Änderung der Ladungsträgerdichte von drei verschiedenen Probenbereichen, welche mit 40 bis 60 nm vergleichbare Dimensionen besitzen, wie die mittels Elektronenstrahl erzeugten Strukturen. Basierend auf der obigen Argumentation müsste die Leitfähigkeit in Abhängigkeit der Ladungsträgerdichte drei Knicke aufweisen, wenn die drei Bereiche verschiedene Dirac-Punkte haben. Wird das Topgate auf eine feste Ladungsträgerdichte von $3 \cdot 10^{12}$ cm^{-2} eingestellt, wobei die beiden Äste A und B (s. Abbildung 6.8) entgegengesetztes Vorzeichen haben, so wird die mittlere Ladungsträgerdichte der Probe nicht verändert, da sich die von beiden Topgate-Ästen induzierten Ladungsträgerdichten genau kompensieren. Mit dem Backgate wird nun die globale Ladungsträgerdichte variiert, welche auch im Bereich zwischen den Topgate-Fingern vorliegt. Die Leitfähigkeit in Abhängigkeit der globalen Ladungsträgerdichte ist in Abbildung 6.9 dargestellt. Die Kurve ähnelt sehr stark der Messung aus Abbildung 6.7, weist jedoch vier lineare Bereiche und drei Knicke auf. Die Knicke sind mit A, B und C bezeichnet, sowie mit Skizzen versehen, welche die Lage der Fermi-Energie relativ zur Potentiallandschaft in der Probe schematisch darstellen. Ganz analog der obigen Diskussion lässt sich die Kurvenform damit erklären.

Immer, wenn die Fermi-Energie am Dirac-Punkt in einem der drei Bereiche liegt, limitiert der be-

6 Künstliche Defekte

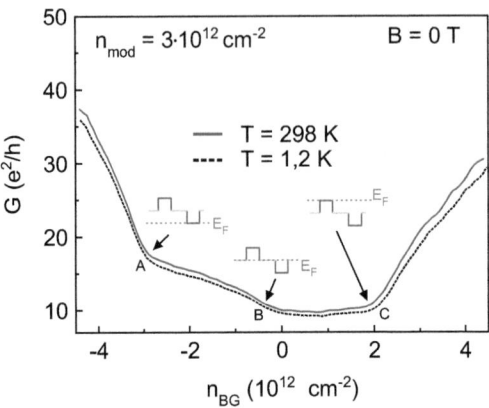

Abbildung 6.9: Feldeffektcharakteristik bei 298 K und 1,2 K für eine vorwiegend coulomb-artige periodische Modulation, welche durch ein Topgate erzeugt wird. Die schwache Temperaturabhängigkeit der Leitfähigkeit ist typisch für Graphen. A, B und C bezeichnen die Dirac-Punkte der drei unterschiedlichen Probenbereiche. Die Skizzen veranschaulichen die Lage der Fermi-Energie relativ zur Modulation. Ausführliche Experimente mit diesem Probentyp sind Gegenstand des letzten Kapitels 9. Die Ladungsträgermobilität dieser Probe ist ca. 5000 cm^2/Vs bei ausgeschalteter Topgate-Spannung, also ohne Modulation.

treffende Bereich die Gesamtleitfähigkeit und es tritt ein Knick in der Kurve auf. Da die beiden unabhängigen Topgate-Äste gerade auf Spannungen mit entgegengesetztem Vorzeichen liegen, gibt es sowohl in Bereich der Loch- als auch der Elektronenleitung jeweils einen Knick (A und C). B entspricht der Lage des Neutralitätspunktes des unbehandelten Graphens, welches zwischen den Topgate-Fingern vorliegt. D. h. Proben mit einer definierten elektrostatischen Modulation zeigen bei 1,2 K genau die gleiche Feldeffektcharakteristik wie die hier diskutierten elektronenstrahlmodifizierten Proben bei 150 K. Die Leitfähigkeit letzterer Proben unterscheidet sich allerdings um eine Größenordnung und ist ein Indiz für erhöhte Rückstreuung aufgrund der Modifikation.

Vergleicht man die beiden Kurven der elektrostatisch modulierten Probe für 298 K und 1,2 K, so sieht man eine sehr schwache Temperaturabhängigkeit der Leitfähigkeit. In anderen Arbeiten wurde ebenfalls nur eine schwache Temperaturabhängigkeit der Leitfähigkeit von Graphen beobachtet [95]. An dieser Stelle ist die Betrachtung der Temperaturabhängigkeit wichtig, da die elektronenstrahlmodifizierten Proben eine sehr starke Temperaturabhängigkeit der Leitfähigkeit aufweisen. Bei kleinen Ladungsträgerdichten tritt zudem ein Metall-Isolator Übergang auf, welcher vermutlich auf eine geänderte Gittersymmetrie und lokalisierte Zustände aufgrund der stark gebundenen Adsorbate zurückzuführen ist. Dies ist Gegenstand der nachfolgenden Diskussion.

Untersucht man die Dichteabhängigkeit der Leitfähigkeit einer Graphenprobe mit eindimensionalem Liniengitter, welches mittels Elektronenstrahl erzeugt wurde, bei niedrigen Temperaturen (Abbil-

6.3 Metall-Isolator Übergang in 1D-Liniengittern

dung 6.10), so misst man eine Leitfähigkeit mit negativem Temperaturkoeffizienten. Bei 150 K

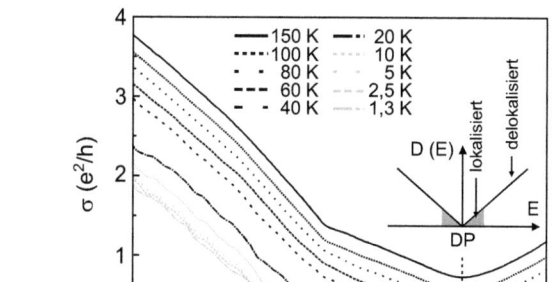

Abbildung 6.10: Temperaturabhängigkeit der Leitfähigkeit einer Graphenprobe mit eindimensionaler Modulation, welche mittels Elektronenstrahl erzeugt wurde. Am Dirac-Punkt der modifizierten Streifen (gestrichelte Linie, s. Abbildung 6.11) verschwindet die Leitfähigkeit mit sinkender Temperatur. Dieses Verhalten ist möglicherweise auf stark gebundene Adsorbate zurückzuführen, welche die Gittersymmetrie brechen und zu Anderson-Lokalisierung führen [115, 129, 131]. Das Inset zeigt die hypothetische Zustandsdichte der modifizierten Bereiche mit lokalisierten Zuständen in der Nähe des Dirac-Punktes (DP).

beträgt die minimale Leitfähigkeit bei $3{,}9 \cdot 10^{12}$ cm^{-2} noch ca. e^2/h (zweiter Knick in der schwarzen Kurve), was dem Neutralitätspunkt der modifizierten Streifen entspricht, wie im vorigen Abschnitt erläutert. Mit weiter sinkender Temperatur sinkt die minimale Leitfähigkeit unter e^2/h, während die Kurvenform aber unverändert bleibt und die beiden Knicke immer noch erkennbar sind. Es liegt somit immer noch die Überlagerung zweier Feldeffektkurven von Bereichen mit unterschiedlichen Neutralitätspunkten vor. Die niedrige minimale Leitfähigkeit $\ll e^2/h$ weist allerdings darauf hin, dass sich die Probe im Regime starker Lokalisierung befindet. Ab 20 K (dunkelgraue Kurve) tritt zwischen $3{,}5 \cdot 10^{12}$ cm^{-2} und $4{,}5 \cdot 10^{12}$ cm^{-2} ein Plateau auf, welches bei ca. $0{,}1\, e^2/h$ liegt. Oberhalb $4{,}5 \cdot 10^{12}$ cm^{-2} nimmt die Leitfähigkeit mit steigender Ladungsträgerdichte wieder zu. Das Plateau bei 20 K legt nahe, dass in den modifizierten Streifen lokalisierte Zustände vorliegen, welche gefüllt werden müssen, bevor die Leitfähigkeit wieder auf Dichteänderungen reagiert. Unterhalb 10 K verschwindet die Leitfähigkeit auf einem breiten Dichteintervall von $1 \cdot 10^{12}$ cm^{-2} bis $6 \cdot 10^{12}$ cm^{-2}. Die Bildung lokalisierter Zustände aufgrund der Modifikationen, führt offensichtlich zu einer Energielücke im elektrischen Transport und die Probe wird bei tiefen Temperaturen isolierend. Aus der Dispersion des Graphens kann man das Energieäquivalent des Dichteintervalls ($5 \cdot 10^{12}$ cm^{-2}), in dem die Leitfähigkeit verschwindet, mit etwa 260 meV abschätzen. Dieser Wert ist eine Abschätzung für die energetische Breite der lokalisierten Zustände (s. Abbildung 6.10). Mit zunehmender Lochdichte

103

6 Künstliche Defekte

steigt die Leitfähigkeit (linker Teil der Kurven) an, so dass die Probe hier wieder in das Regime schwacher Lokalisierung übergeht. Insgesamt weisen diese Ergebnisse darauf hin, dass lokalisierte Zustände in der Nähe des Dirac-Punktes (DP) der modifizierten Bereiche vorliegen (s. schematische Zustandsdichte im Inset in der Abbildung) wobei der DP, aufgrund der überlagerten Dotierung, bei $3{,}9 \cdot 10^{12}$ cm^{-2} liegt.

Aus der Temperaturabhängigkeit der Leitfähigkeit am DP (gestrichelte Linie) lassen sich Rückschlüsse auf den Transportmechanismus ziehen. In Abbildung 6.11 ist der Verlauf der Leitfähigkeit für $3{,}9 \cdot 10^{12}$ cm^{-2} in Abhängigkeit der Temperatur gezeigt. Die Daten sind in Arrhenius-Auftragung

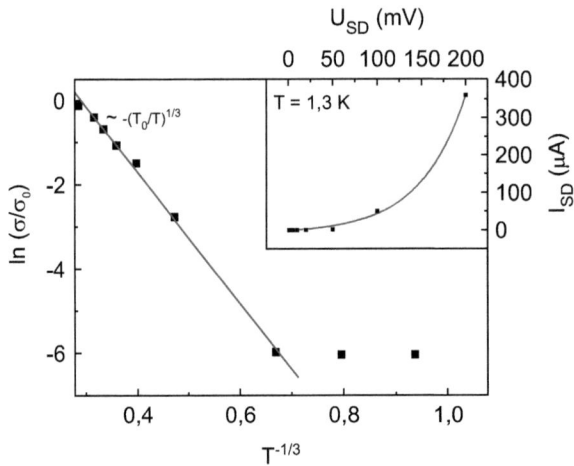

Abbildung 6.11: Temperaturabhängigkeit der Leitfähigkeit bei fester Ladungsträgerdichte von $3{,}9 \cdot 10^{12}$ cm^{-2} (gestrichelte Linie in Abbildung 6.10). Die zwei Messpunkte ganz rechts liegen bei zu hohen Leitfähigkeitswerten, da der Messaufbau hier den Grenzbereich seiner Eingangsimpedanz erreicht. Aus der Arrhenius-Auftragung unter Verwendung von Gleichung 6.5 folgt für die Energielücke ≈ 368 meV. Zur Vollständigkeit zeigt das Inset die I-U Kennlinie des modifizierten Bereiches bei 1,3 K und $3{,}9 \cdot 10^{12}$ cm^{-2}.

dargestellt, um die Berechnung der Energielücke zu vereinfachen. Bei stark ungeordneten Systemen findet elektronischer Transport über so genanntes "variable range hopping" statt. Nach Mott [143] gilt für die Hopping-Leitfähigkeit

$$\sigma = \sigma_0 \, e^{-(T_0/T)^{1/(D+1)}}. \tag{6.5}$$

D ist die Dimensionalität des Systems, T_0 bezeichnet die Aktivierungstemperatur, welche erforderlich ist, um die Hopping-Barriere zwischen lokalisierten Zuständen zu überwinden. Die Messpunkte in der Abbildung 6.11 wurden nach dieser Formel für den zweidimensionalen Fall ($D = 2$) gefittet. Es ergibt sich eine Hopping-Energie von 368 meV aus dem Arrhenius-Plot. Zur Vollständigkeit ist

6.3 Metall-Isolator Übergang in 1D-Liniengittern

im Inset in der Abbildung die I-U Kennlinie des modifizierten Bereichs bei 1,3 K und $3{,}9 \cdot 10^{12}$ cm^{-2} dargestellt. Grundsätzlich lässt sich aus dieser Kurve ebenfalls ein Energiewert berechnen. Dieser wird aber viel zu klein sein, da die Erwärmung der Probe bei den vergleichsweise hohen Strömen im μA-Bereich nicht vernachlässigbar ist.

Im Folgenden sollen verschiedene Hypothesen diskutiert werden, welche sowohl das Auftreten schwacher Lokalisierung (Abschnitt 6.2) als auch den Metall-Isolatorübergang (Abschnitt 6.3) erklären.

Rein strukturelle Defekte wie Leerstellen, Versetzungen oder Zwischengitteratome sind als Ursache eher unwahrscheinlich, da Elektronenenergien ab 80 keV erforderlich wären, um Kohlenstoffbindungen des Graphens physikalisch zu brechen. Dieser Grenzwert ist sowohl von Kohlenstoffnanoröhren als auch von Graphen aus TEM-Studien bekannt [132]. Die hier untersuchten Modifikationen wurden lediglich bei einer maximalen Elektronenenergie von 30 keV erzeugt. Daher müssen chemische Modifikationen bzw. stark gebundene Adsorbate eine Rolle spielen[3].

Allgemein kann starke Lokalisierung (Anderson-Lokalisierung [143–147]), mit $\sigma \to 0$ für $T \to 0$, aus mehreren Gründen auftreten: I. Statistisch verteilte kurzreichweitige Störstellen in hoher Konzentration, II. Dichtefluktuationen, III. Fluktuationen des mittleren Atomabstandes, IV. Fehlende Fernordnung. Die letzten beiden Punkte sind dabei eher Folgen der ersten beiden. Als Vorstufe der Anderson-Lokalisierung tritt schwache Lokalisierung entsprechend bei kleinen Defektkonzentrationen auf, wenn die Lokalisierungslänge l_c größer ist als die Phasenkohärenzlänge l_ϕ. Beispiele für die Punkte I und II aus der Literatur wären: (I) Kurzreichweitige Störstellen können einen großen Einfluss auf die Bandstruktur in der Nähe des Dirac-Punktes haben. STM-Untersuchungen an Ar$^+$-ionengeschädigtem Graphen [148] haben gezeigt, dass die Fermi-Geschwindigkeit nicht mehr konstant ist, sondern mit steigender Defektdichte kleiner wird. Dies entspricht einer geringeren Steigung der Graphendispersion, so dass Äste gegenüberliegender inäquivalenter K-Punkte K_1, K_2 ("Valleys") bei kleineren Energien überlappen und verstärkte Inter-Valley-Streuung auftritt. (II) Dichtefluktuationen wurden in einer anderen Arbeit als Ursache für Metall-Isolatorübergänge in Graphen angeführt, wenn eine Bandlücke vorhanden ist, wie bspw. in den sogenannten "Graphen-Nanoribbons" [149].

Die Erhaltung der hexagonalen Symmetrie des Graphengitters ist essentiell für die Abwesenheit von Lokalisierung. Normalerweise ist schwache Lokalisierung in realen Graphenproben stark unterdrückt [56] und Anderson-Lokalisierung bzw. ein Metall-Isolatorübergang treten gar nicht auf. Auch unter Vernachlässigung von Elektronen- und Lochpfützen (s. Abschnitt 3.2), welche immer für eine nicht verschwindende Leitfähigkeit sorgen würden, sagen theoretische Modelle für ideales Graphen stets eine endliche Leitfähigkeit am Dirac-Punkt sowie eine sehr schwache Temperaturabhängigkeit vorher [150, 151]. Langreichweitige Coulomb-Störstellen, wie sie bspw. Oberflächenadsorbate

---
[3] Elias et al. untersuchen die chemische Modifikation von Graphen durch die Einwirkung von Wasserstoffplasma. Dies führt ebenfalls zu einem Metall-Isolatorübergang im Transportverhalten bei tiefen Temperaturen [135]. Als Ursache wird über die Bildung von sp^3-hybridisiertem Graphan spekuliert, in dem jedes Kohlenstoffatom kovalent mit einem Wasserstoffatom gebunden ist.

6 Künstliche Defekte

darstellen, können Dirac-Fermionen nicht rückstreuen und zu Lokalisierungseffekten aufgrund von Quanteninterferenz führen [140, 152, 153]. Erst die Einführung von kurzreichweitigen Störstellen, z.B. in Form stark gebundener Adsorbate, führt zu verstärkter Inter-Valley-Streuung und schwache Lokalisierung und Leitwertfluktuationen treten bei kleinen Defektkonzentrationen auf (s. voriger Abschnitt 6.2). Erhöht man die Defektkonzentration, so tritt Anderson-Lokalisierung auf. Der Grund liegt im Übergang der Gittersymmetrie von der hexagonalen in die orthogonale Symmetrieklasse aufgrund kurzreichweitiger Störstellen, welche zu Inter-Valley-Streuung führen. Eine gruppentheoretisch exakte Begründung geht über den Rahmen dieser Arbeit hinaus, kann aber in der Literatur gefunden werden [129, 130, 154]. An dieser Stelle soll das Argument anhand einer vereinfachten Skizze (Abbildung 6.12) kurz veranschaulicht werden. Bei einem Graphengitter, welches ausschließ-

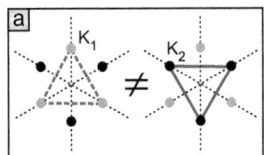
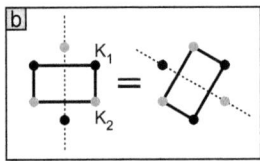

Abbildung 6.12: Änderung der Gittersymmetrie unter Einfluss von Defekten. (a) Graphengitter im reziproken Raum ohne Inter-Valley-Streuung (nur langreichweitige Störstellen): Langreichweitige Coulomb-Störstellen wirken auf beide Untergitter im Realraum gleichermaßen, Streuung findet aber nur in jeweils einem Valley (K_1 oder K_2) statt, dargestellt durch die fett gezeichneten Dreiecke (grün, rot) zwischen den K-Punkten. Wesentlich ist, dass beide Fälle durch keine Symmetrieoperation des hexagonalen Systems ineinander überführt werden können (angedeutet durch das Ungleichheitszeichen), jeder Fall für sich aber der hexagonalen Symmetrie genügt (beispielhaft sind drei Spiegelebenen gestrichelt eingezeichnet). (b) Mit Inter-Valley-Streuung (lang- und kurzreichweitige Störstellen): Das System gehört nun zu einer orthogonalen Symmetrieklasse mit niedrigerer Symmetrie (eine Spiegelebene ist gestrichelt eingezeichnet), da Streuung zwischen K_1 und K_2 stattfindet. Alle denkbaren Rotationen des Rechtecks können durch dreizählige Drehungen ineinander überführt werden (angedeutet durch das Gleichheitszeichen), was nichts anderes bedeutet als Durchmischung der beiden Valleys K_1 und K_2.

lich langreichweitige Störstellen enthält, tritt Streuung nur innerhalb eines Valleys K_1 oder K_2 auf (Intra-Valley-Streuung). Das ist in Abbildung 6.12a durch die fett gezeichneten Dreiecke (grün, rot) verdeutlicht. Im hexagonalen System, gibt es keine Symmetrieoperation, welche die beiden Fälle (grünes bzw. rotes Dreieck) ineinander überführen kann, obwohl für jeden Fall selbst alle Symmetrieoperationen des hexagonalen Systems anwendbar sind (beispielhaft sind drei Spiegelebenen gestrichelt eingezeichnet). Führt man kurzreichweitige Störstellen ein, ist jede Streuung zwischen K_1 und K_2 möglich (Intra- und Inter-Valley-Streuung). In der hier gewählten Darstellung wird aus dem Dreieck ein Rechteck (orthogonale Symmetrie, Abbildung 6.12b), welches sowohl Streuung innerhalb eines Valleys als auch zwischen verschiedenen Valleys repräsentiert. Auf diese Darstellung kann man alle Symmetrieoperationen des hexagonalen Systems anwenden und gelangt immer zu äquivalenten Darstellungen (angedeutet durch das Gleichheitszeichen). Die Symmetrie innerhalb der Darstellung selbst ist dabei aber niedriger als im hexagonalen System (eine Spiegelebene ist gestrichelt eingezeichnet).

Wesentlich für die Diskussion ist, dass schwach adsorbierte Moleküle mit Bindungsenergien von 30 bis 40 meV, wie sie in den Kapiteln 4 und 5 untersucht wurden, nicht ausreichen um die Gittersymmetrie zu ändern. Ihr Bindungsabstand ist so groß, dass sie im Realraum auf beide Untergitter wirken und daher als langreichweitige Störstellen nicht zu Inter-Valley-Streuung führen. In den Transportexperimenten mit dotierten Proben wurde daher weder starke noch schwache Lokalisierung beobachtet. Theoretische Berechnungen von Robinson et al.[115], welche bereits in Abschnitt 5.3 zur Erklärung der Elektronen-/Lochasymmetrie herangezogen wurden, ergeben für hohe Konzentrationen stark gebundener Adsorbate eine qualitative Übereinstimmung mit den Experimenten. In Abbildung 6.13 sind die Resultate des theoretischen Modells für vier verschiedene Adsorbatkonzentrationen dargestellt.

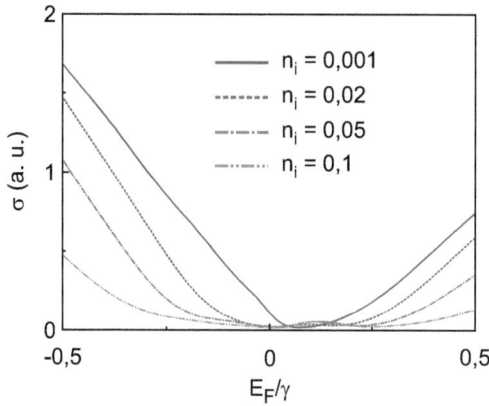

Abbildung 6.13: Leitfähigkeit σ in Abhängigkeit der Fermi-Energie E_F nach Robinson et al. [115] für verschiedene Adsorbatkonzentrationen n_i. Die x-Achse ist auf die Hopping-Energie $\gamma = 2{,}7$ eV (s. Abschnitt 1.5) normiert.

Bei einer Konzentration n_i von 0,001 (rote Kurve) ist in der Leitfähigkeitskurve eine Asymmetrie zwischen Elektronen- und Lochleitung zu erkennen, wie sie auch bei chemischem Dotieren auftritt (s. Abschnitt 5.3). Mit zunehmender Adsorbatkonzentration wird die Leitfähigkeit auf einem immer größeren Energieintervall unterdrückt. Qualitativ entspricht dieses Verhalten den oben geschilderten experimentellen Ergebnissen und untermauert die Annahme, dass stark gebundene Adsorbate für Lokalisierung verantwortlich sein können.

Aus dieser Argumentation kann man schließen, dass es sich bei den Modifikationen um Bereiche mit stark gebundenen Adsorbaten bzw. chemische Modifikationen des Graphens selbst handelt, welche ein völlig anderes elektronisches Verhalten zeigen als die in Kapitel 4 untersuchten schwach gebundenen Dotierstoffe. Der Elektronenstrahl liefert also vermutlich die Aktivierungsenergie, um

6 Künstliche Defekte

eine Reaktion der Adsorbate mit dem Graphen zu unterstützen, welche unter normalen Bedingungen nicht stattfindet. In einer anderen Arbeit wurde ein Metall-Isolator-Übergang beobachtet, wenn das Graphen einem sehr hohen elektrischen Feld ausgesetzt wird, welches durch ein Topgate erzeugt wurde. Die Autoren vermuten, dass Wasser aus der Umgebung im elektrischen Feld gespalten wird und die gebildeten H^+ bzw. OH^- mit dem Graphen reagieren [155]. Dabei ist denkbar, dass das Graphen selbst katalytisch aktiv ist und elektrochemische Oberflächenreaktionen begünstigt. Ähnliche Modifikationen, wie die hier untersuchten, konnten auch in einer anderen Arbeit in unserer Gruppe beobachtet werden und mittels ortsaufgelöster Raman-Spektroskopie und AFM charakterisiert werden [91, 94]. In dieser Arbeit wurde das Graphen einem fokussierten Laserstrahl ausgesetzt und das Raman-Signal in Abhängigkeit der Bestrahldauer gemessen. Die bestrahlten Bereiche weisen ebenfalls eine Erhöhung von mehreren Nanometern auf, ähnlich wie die hier betrachteten Liniengitter (Abbildung 6.1). Detaillierte elektrische Transportuntersuchungen wurden in diesem Fall allerdings nicht durchgeführt. Das Raman-Signal zeigt dagegen starke Änderungen sowohl von Intensität als auch im Raman-Shift. Die genauen Ergebnisse und deren Interpretation sind [94] zu entnehmen. Zukünftige Experimente könnten ortsaufgelöste Raman-Spektroskopie sowie AFM-Messungen mit elektrischen Transportmessungen kombinieren, um die genauen Mechanismen der Graphenmodifikation zu untersuchen. Weiterhin wären STM, TEM sowie chemische Oberflächenanalytik hilfreich, um die gebildeten Spezies in den modifizierten Bereichen genau zu bestimmen.

7 Magnetotransport in Graphen

In den vorangegangenen Kapiteln wurde der elektronische Transport in Graphen ohne Magnetfelder untersucht. Im Vordergrund standen dabei die intrinsischen Eigenschaften realer Graphenproben und wie diese von Oberflächenadsorbaten beeinflusst werden. Aus den Experimenten konnten verschiedene Verfahren abgeleitet werden, die zu einer verbesserten Probenqualität hinsichtlich intrinsischer Dotierung, Mobilität sowie Elektronen- und Lochsymmetrie führen. In diesem Kapitel wird der Halleffekt und der Quantenhalleffekt (QHE) in Graphen betrachtet.

7.1 Halleffekt in Graphen

Die Probe für diese Messungen wird unter Berücksichtigung der Erkenntnisse aus den vorangegangenen Kapiteln hergestellt. D. h. die Graphenflocke wird vor der Kontaktierung zu einer definierten Hallbar strukturiert, da eine definierte Geometrie eine genauere Bestimmung des Geometriefaktors w/l (vgl. Kapitel 3) erlaubt, welcher für die Bestimmung der Hall-Mobilität relevant ist. Zudem wird verhindert, dass gefaltete oder verformte Ränder zu Asymmetrien in den Messergebnissen im Magnetfeld führen. Die fertig kontaktierte Probe wird bei 140°C im Vakuum ausgeheizt, um Adsorbate weitgehend zu entfernen und eine möglichst niedrige intrinsische Dotierung zu erzielen. Das Ausheizen erfolgt im Probenstab und die Probe wird danach ohne Kontakt zur Luft direkt ins Heliumbad abgesenkt. Eine so präparierte Probe kann Mobilitäten von über 10000 cm²/Vs erreichen.

Da die Mobilität in Graphen nur sehr schwach temperaturabhängig ist und die Zyklotronenergie $\hbar\omega_c$ sehr groß ist, sind keine extrem niedrigen Temperaturen erforderlich. Die folgenden Experimente werden daher bei 4,2 K direkt in flüssigem Helium durchgeführt. Es steht ein maximales Magnetfeld von 12 T zur Verfügung, welches senkrecht zum 2DES orientiert ist. Die Messung wird in 4-Punkt Geometrie durchgeführt, wie in den vorigen Kapiteln bereits erläutert (s. Abbildung 2.12 in Abschnitt 2.3.2). Der Strom I_{SD} beträgt 50 nA wobei die Ladungsträgerdichte mit einem Backgate variiert werden kann. Trägt man den Längswiderstand R_{xx} und den Hall-Widerstand R_{xy} über dem Magnetfeld bei konstanter Dichte (hier 0,34·10¹² cm⁻²) auf, beobachtet man einen bei kleinen Feldern konstanten Längswiderstand R_{xx} und einen linear mit dem Magnetfeld steigenden Hall-Widerstand R_{xy}. Hierbei handelt es sich um das klassische Hall-Regime, welches in der untersuchten Probe bis etwa 0,65 T vorliegt. Oberhalb 0,65 T geht diese Probe in das Quantenhall-Regime über,

7 Magnetotransport in Graphen

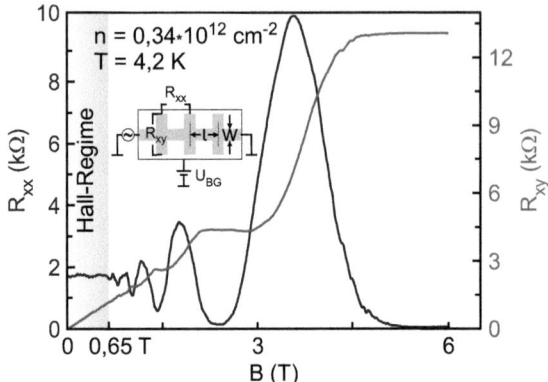

Abbildung 7.1: Longitudinalwiderstand R_{xx} und Hall-Widerstand R_{xy} einer Graphenmonolage in Abhängigkeit vom Magnetfeld B bei 4,2 K. Die Ladungsträgerdichte n beträgt $0{,}34 \cdot 10^{12}$ cm^{-2}. Das Quantenhall-Regime beginnt bei ca. 0,65 T.

welches später diskutiert wird.

Der Halleffekt beruht auf der Ablenkung der Elektronen im senkrechten Magnetfeld aufgrund der Lorentz-Kraft $\vec{F}_L$

$$\vec{F}_L = -e(\vec{v} \times \vec{B}), \tag{7.1}$$

welche zu einer Elektronenanreicherung an einer Probenseite führt. Daraus resultiert ein elektrisches

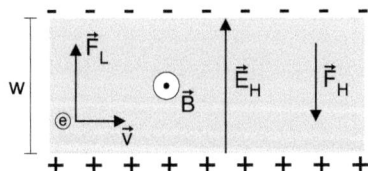

Abbildung 7.2: Skizze zum Halleffekt von Elektronen in einem 2DES. Der Magnetfeldvektor $\vec{B}$ ragt senkrecht aus der Zeichenebene hinaus. $\vec{F}_L$ bezeichnet den Vektor der Lorentz-Kraft und $\vec{v}$ den Geschwindigkeitsvektor der Elektronen. $\vec{E}_H$ bzw. $\vec{F}_H$ stehen für das Hall-Feld bzw. die Hall-Kraft, welche $\vec{F}_L$ gerade kompensiert.

Feld $\vec{E}_H$, das Hall-Feld, welches die Kraft $\vec{F}_H$

$$\vec{F}_H = -e\vec{E}_H \tag{7.2}$$

bedingt und die Lorentz-Kraft gerade kompensiert. Das Hall-Feld $\vec{E}_H$ und damit die Hall-Spannung $U_H = E_H w$, welche letztlich $R_{xy} = U_H / I_{SD}$ bestimmt, ist somit linear vom Magnetfeld abhängig wie das Verhalten von R_{xy} bestätigt. Durch die Kompensation von $\vec{F}_L$ mit $\vec{F}_H$ findet der elektrische Transport in Längsrichtung weiter ungehindert statt und ist unabhängig vom Magnetfeld, was sich im konstanten R_{xx} widerspiegelt. Da die Lorentz-Kraft vom Vorzeichen des beteiligten Ladungsträgers abhängt und dies am Vorzeichen des Hall-Feldes ablesbar ist, wird der Halleffekt in der Halbleitertechnik verwendet um den Ladungsträgertyp eines Materials zu ermitteln. Zudem ermöglicht die Steigung von R_{xy} eine Bestimmung der Ladungsträgerkonzentration und in Verbindung mit R_{xx} und der Probengeometrie (w/l) eine Abschätzung der Mobilität. Diese kann sich von der FE-Mobilität (vgl. Kapitel 3) signifikant unterscheiden. Die Hall-Mobilität

$$\mu = \frac{d\rho_{xy}}{dB} \frac{1}{R_{xx}(B=0)} \frac{l}{w} \tag{7.3}$$

dieser Probe liegt bei ungefähr 16000 cm²/Vs. Der Wert ist bezogen auf eine Ladungsträgerdichte n von $0{,}34 \cdot 10^{12}$ cm^{-2}. Dieser ist konsistent mit jenem für die Mobilität, die aus dem minimalen Magnetfeld B_{min} abgeschätzt werden kann, ab dem Shubnikov-de Haas (SdH)-Oszillationen auftreten. Der Wert von 0,65 T wird hier als Grenze zwischen dem klassischen Hall-Regime und dem Quantenhall-Regime definiert. Der Wert $\mu = 1/B_{min}$ ist 15400 cm²/Vs und lässt sich intuitiv dadurch verstehen, dass eine bestimmte mittlere freie Weglänge l_{mfp} erforderlich ist, um einen vollen Zyklotronumlauf ohne Streuung zu absolvieren. Da der Zyklotronradius $R_c = \frac{\hbar |\vec{k}_F|}{eB}$ mit steigendem Magnetfeld abnimmt, die mittlere freie Weglänge aber mit der Mobilität zunimmt, ist dies gerade für $\mu \cdot B_{min} \geq 1$ der Fall. Statt dieses klassischen Arguments kann man auch direkt mit dem Landau-Spektrum

$$E_{LL} = \pm v \sqrt{2e\hbar B} \sqrt{N} \tag{7.4}$$

argumentieren, wenn man berücksichtigt, dass Unordnung in der Probe, welche die mittlere freie Weglänge limitiert, auch zu einer Streuverbreiterung der Landau-Niveaus führt (vgl. Abschnitt 1.6.4). Es ist also ein "Mindestmagnetfeld" erforderlich, um eine im Experiment auflösbare Separation der Landau-Niveaus zu gewährleisten, da die Zyklotronenergie $\hbar\omega_c$ sowohl für Graphen als auch für konventionelle 2DES mit dem Magnetfeld zunimmt. Auf die Herkunft der SdH-Oszillationen und der Nullstellen im Längswiderstand R_{xx} wird im folgenden Abschnitt detaillierter eingegangen.

7.2 Shubnikov-de Haas Oszillationen in Graphen

Bei Magnetfeldwerten > 0,65 T treten im Longitudinalwiderstand R_{xx} charakteristische Oszillationen auf, welche $1/B$-periodisch sind (Abbildung 7.1). Ab ca. 1,5 T korrespondiert jedes Minimum der SdH-Oszillationen mit einem Plateau im Hall-Widerstand R_{xy} (Quantenhalleffekt, s. Abschnitt 7.3). Im Folgenden wird die physikalische Ursache für die Oszillationen anhand des Landau-Spektrums (vgl. Abschnitt 1.6.4) für ein unendlich ausgedehntes 2DES im senkrechten Magnetfeld beschrieben

7 Magnetotransport in Graphen

und das Verhalten des chemischen Potentials im Magnetfeld betrachtet. Der Quantenhalleffekt ist Gegenstand des nächsten Abschnitts.

Für die hier untersuchte Probe kondensiert die Zustandsdichte oberhalb 0,65 T in ein Landau-Spektrum, da die Bedingungen $\hbar\omega_c \gg k_B T$ sowie $\mu \cdot B \geq 1$, aufgrund der Probenqualität, bei 4,2 K erfüllt sind. Die festgehaltene Ladungsträgerdichte n von $0{,}34 \cdot 10^{12}$ cm^{-2} bestimmt die Lage des chemischen Potentials. Allgemein passen in ein nicht-entartetes Landau-Niveau $\frac{B}{\Phi_0}$ Elektronen je m^2. $\Phi_0 = h/e$ ist das magnetische Flussquantum, wie es im Bereich des mesoskopischen Transports definiert ist[1]. Dieser Zusammenhang ist universell, daher nicht materialabhängig und lässt sich direkt auf die Ladungsträgerdichte n der Probe beziehen, wenn der Entartungsgrad g der Landau-Niveaus bekannt ist. Die Ladungsträgerdichte pro vierfach entartetem Landau-Niveau ist demnach

$$n = \frac{4eB}{h} \tag{7.5}$$

und somit direkt proportional zum Magnetfeld. Weiterhin ist die Energie E_{LL} der Landau-Niveaus proportional zur Wurzel des Magnetfeldes (vgl. Abschnitt 1.6.4). Erhöht man im Experiment also das Magnetfeld bei fester Ladungsträgerdichte, so steigt die Energie aller Landau-Niveaus an, während gleichzeitig die Entartung der Niveaus zunimmt. Das hat zur Folge, dass das chemische Potential μ_c im obersten partiell gefüllten Niveau "gepinnt" ist, während dieses kontinuierlich entleert wird und die Ladungsträger in die niedrigeren Niveaus umbesetzt werden. Dies setzt sich fort, bis μ_c im Landau-Niveau mit $N = 0$ liegt, dessen Energie, unabhängig vom Magnetfeld, null bleibt. Um diesen Vorgang zu veranschaulichen kann man den Verlauf des chemischen Potentials bzw. die Energie des jeweils energiereichsten Elektrons mit dem Magnetfeld betrachten. Dazu ist in Abbildung 7.3 das Landau-Spektrum von Graphen über dem Magnetfeld aufgetragen. Die rote Linie stellt das chemische Potential μ_c dar und N bezeichnet die Quantenzahl der Landau-Niveaus. Das chemische Potential oszilliert, da die Energie der Landau-Niveaus mit dem Magnetfeld steigt und daher eine Umbesetzung von Ladungsträgern in niedrigere Niveaus stattfindet, weil diese Niveaus mit steigendem Magnetfeld eine größere Ladungsträgerdichte aufnehmen können. Solange das jeweils oberste Landau-Niveau Ladungsträger enthält, liegt das chemische Potential im Niveau ("pinning") und die Probe hat eine endliche metallische Leitfähigkeit bzw. einen endlichen Widerstand. Die Energie des energiereichsten Elektrons entspricht dann der Energie des obersten Landau-Niveaus und steigt mit der Wurzel des Magnetfeldes. Sobald das oberste Niveau vollständig entleert ist, springt das chemische Potential zur Energie des nächst tieferen Landau-Niveaus und die Probe durchläuft einen Metall-Isolator-Übergang. Dieser Übergang entspricht in einer idealen Probe einem einzigen Punkt[2], an dem das chemische Potential zwischen zwei Landau-Niveaus im Bereich verschwindender

---

[1] Im Umfeld der Supraleitung ist Φ_0 als $h/2e$ definiert.
[2] Dieser Idealfall kann das Experiment nicht vollständig abbilden, da die Minima in Abbildung 7.1 eine deutlich ausgeprägte Breite auf der Magnetfeldachse besitzen. Die Ursache für die Verbreiterung sind

7.2 Shubnikov-de Haas Oszillationen in Graphen

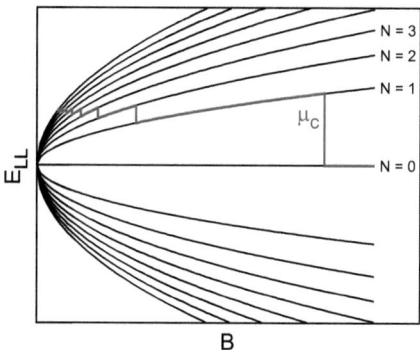

Abbildung 7.3: Verlauf des chemischen Potentials μ_c (rote Linie) im Landau-Spektrum von Graphen mit steigendem Magnetfeld B. N bezeichnet die Quantenzahl jedes Landau-Niveaus. Die vertikalen Sprünge (Stufen) sind Metall-Isolator Übergänge, welche den Minima in R_{xx} entsprechen. Zwischen den Sprüngen ist μ_c im jeweiligen Landau-Niveau gepinnt d.h. seine Energie folgt der Landau-Energie E_{LL}.

Zustandsdichte liegt und daher die Volumenleitfähigkeit der Probe null wird. Aufgrund der Tensorbeziehung zwischen Leitfähigkeit und Widerstand im Magnetfeld wird auch R_{xx} null, was den Minima der SdH-Oszillationen entspricht. Man kann auch direkt mit der Streurate argumentieren, welche in erster Näherung [156] proportional zur Zustandsdichte an der Fermi-Kante ist und somit in diesem Fall ebenfalls verschwindet, was dissipationslosen Transport mit $R_{xx} = 0$ erklärt. Im nächsten Abschnitt wird diese Argumentation insbesondere hinsichtlich der Unterscheidung zwischen Volumentransport und Transport in Randkanälen für reale Proben mit endlicher Breite vertieft, um den integralen Quantenhalleffekt zu erläutern.

Die $1/B$-Periodizität der SdH-Oszillationen resultiert aus der Besetzung der Landau-Niveaus und folgt bei fester Ladungsträgerdichte sofort aus Gleichung 7.5. Umgekehrt lässt sich aus den SdH-Oszillationen die Ladungsträgerdichte der Probe bestimmen. Dazu bestimmt man die Magnetfeldwerte der SdH-Minima in Abbildung 7.1 und trägt diese als $1/B$ über einer willkürlichen Ordnungszahl der Minima auf. Es ergibt sich ein linearer Zusammenhang, wobei für die Differenz $\Delta 1/B$ der Magnetfeldwerte zweier benachbarter Minima nach Gleichung 7.5 bei vierfacher Entartung gilt:

$$\Delta\left(\frac{1}{B}\right) = \frac{4e}{nh}. \qquad (7.6)$$

Dieser Zusammenhang kann u.a. verwendet werden, um die Proportionalitätskonstante zwischen Backgate-Spannung und induzierter Ladungsträgerdichte aufgrund des Feldeffekts zu kalibrieren (vgl. Abschnitt 3 und 2.3). Für die Messung aus Abbildung 7.1 ergibt sich nach diesem Verfahren eine

---

lokalisierte Zustände zwischen den Landau-Niveaus, welche bisher vernachlässigt wurden. Im nächsten Abschnitt 7.3 wird Lokalisierung in die Diskussion einbezogen.

Ladungsträgerdichte von $n = 0{,}33 \cdot 10^{12}$ cm^{-2}, was gut mit dem eingestellten Wert von $0{,}34 \cdot 10^{12}$ cm^{-2} übereinstimmt.

Bis hierher konnte der Ursprung sowie die $1/B$-Periodizität der SdH-Oszillationen des Longitudinalwiderstandes R_{xx} einer Graphenmonolage im Magnetfeld anhand des Landau-Spektrums erklärt werden. Unklar ist allerdings noch, warum die Nullstellen der SdH-Oszillationen verbreitert sind und welchen Einfluss das für Graphen charakteristische Landau-Niveau bei $E = 0$ hat. Diese beiden Aspekte sowie der Verlauf des Hall-Widerstandes R_{xy} oberhalb von 1,5 T, werden im nächsten Abschnitt behandelt.

7.3 Integraler Quantenhalleffekt in Graphen

Zum Verständnis des integralen Quantenhalleffekts (QHE) wird in diesem Abschnitt das Landau-Spektrum für eine reale Probe mit endlichen Abmessungen eingeführt und der Begriff des Randkanals zur Erklärung der diskreten charakteristischen Plateaus daraus abgeleitet.

Während die SdH-Oszillationen zuvor bei fester Ladungsträgerdichte und variablem Magnetfeld diskutiert wurden (Abbildung 7.1), kann man auch das umgekehrte Experiment durchführen und die Gate-Spannung und somit die Ladungsträgerdichte bei festem Magnetfeld variieren (Abbildung 7.4). Hierbei wandert das chemische Potential durch das Landau-Spektrum, dessen Gestalt durch das Magnetfeld festgelegt ist. D.h. sowohl die Energie der Landau-Niveaus als auch die Entartung der einzelnen Niveaus ist vorgegeben. Mit zunehmender Ladungsträgerdichte steigt das chemische Potential und mehr Niveaus werden gefüllt. Hier passiert also das gleiche wie im letzten Abschnitt beschrieben: Immer, wenn das chemische Potential in einem Landau-Niveau liegt ist der Longitudinalwiderstand endlich. Liegt das chemische Potential zwischen zwei Niveaus, fällt R_{xx} auf null ab. Die Folge sind SdH-Oszillationen, welche periodisch in der Ladungsträgerdichte verlaufen. Hierzu ist anzumerken, dass ein konventionelles 2DES genau die gleichen Abhängigkeiten ($1/B$-Periodizität bzw. n-Periodizität) zeigt wie Graphen, obwohl sich die Landau-Spektren (2DES: $E_{LL} \sim B$, Graphen: $E_{LL} \sim \sqrt{B}$) signifikant unterscheiden. Der Grund liegt in diesem Fall darin, dass sich die Zustandsdichte in beiden Systemen ebenfalls unterscheidet und der Zusammenhang zwischen Ladungsträgerdichte und chemischem Potential von dieser bestimmt wird. So ist für Graphen $\mu_c \sim \sqrt{n}$, während im konventionellen 2DES $\mu_c \sim n$ gilt. Der Unterschied in den Landau-Spektren hebt sich also gerade hier auf, da als einzige Parameter das Magnetfeld bzw. die Ladungsträgerdichte eingehen, welche die Gestalt des Landau-Spektrums bzw. die Lage des chemischen Potentials bestimmen. Diese Argumentation ist für den Spezialfall korrekt, man kann die $1/B$-Periodizität aber viel weiter fassen, denn die Entartung (Gleichung 7.5) ist allgemein gültig, unabhängig von Details des verwendeten Materials. Es tritt bspw. keine effektive Masse in der Formel auf, welche materialspezifisch

7.3 Integraler Quantenhalleffekt in Graphen

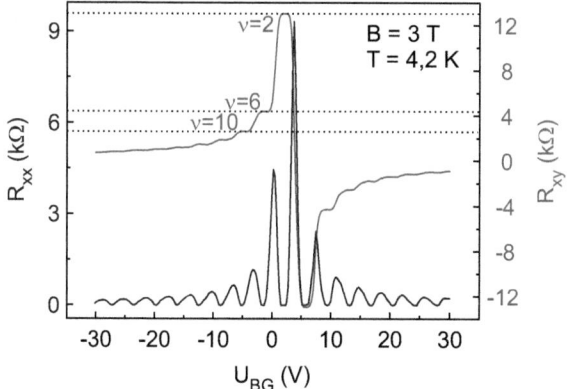

Abbildung 7.4: SdH-Oszillationen von R_{xx} im Gate-Sweep bei 3 T und QHE in R_{xy}. ν ist der so genannte Füllfaktor, eine charakteristische Größe für den Zustand einer Probe im QHE-Regime.

wäre. Die relevante Größe ist einzig die magnetische Länge

$$l_B = \sqrt{\frac{\hbar}{eB}}. \tag{7.7}$$

Die charakteristischen n-periodischen SdH-Oszillationen des Längswiderstandes R_{xx} in Abbildung 7.4 weisen auch wieder eine endliche Breite auf, wie schon im vorigen Abschnitt die $1/B$-periodischen Oszillationen in Abbildung 7.1. Das Modell des idealen Landau-Spektrums mit deltaförmigen Niveaus ohne Streuverbreiterung und das darin oszillierende chemische Potential, wie es bisher verwendet wurde, sagt punktförmige Minima mit verschwindender Breite voraus. Zur Erklärung der Breite der Minima in R_{xx}, sowohl in Abbildung 7.1 als auch in Abbildung 7.4, muss Unordnung in die Diskussion mit einbezogen werden.

Zunächst soll noch kurz der Hall-Widerstand R_{xy} betrachtet werden, welcher charakteristische Plateaus an den Magnetfeldwerten (Abschnitt 7.2, Abbildung 7.1) bzw. Gate-Spannungen (Abbildung 7.4) aufweist, wo die Minima in R_{xx} liegen. Die Widerstandswerte der Plateaus sind zudem in Einheiten von h/e^2 exakt quantisiert. Im obigen Bild des delta-förmigen Landau-Spektrums kann der konstante Hall-Widerstand an den SdH-Minima verstanden werden. Das chemische Potential liegt zwischen zwei Landau-Niveaus im Gebiet verschwindender Zustandsdichte, das Probenvolumen[3] ist isolierend und σ_{xx}, R_{xx} sind null. Erst wenn das chemische Potential wieder in einem Landau-Niveau liegt, sind Zustände vorhanden und σ_{xx}, R_{xx} haben durch diffusiven Transport bestimmte endliche Werte.

---

[3] Die Bezeichnung "Probenvolumen" wird hier zur Abgrenzung vom Begriff "Probenrand" verwendet, obwohl in einem 2DES natürlich kein Volumen im eigentlichen Sinn vorliegt.

7 Magnetotransport in Graphen

Das entspricht den linearen Abschnitten von R_{xy} in den Abbildungen 7.1 und 7.4. Im Fall einer idealen Probe mit delta-förmigen Landau-Niveaus, wie im vorigen Abschnitt angenommen, wären die Bereiche konstanter Hall-Spannung, genauso wie die SdH-Minima einzelne Punkte. Der Verlauf von R_{xy} im QHE-Regime wäre daher nicht von der linearen Hall-Kurve zu unterscheiden und das QHE-Experiment würde lediglich Auskunft über die Ladungsträgerdichte n geben.

Erst Unordnung bzw. Defekte und die endliche Ausdehnung einer realen Probe machen die Beobachtbarkeit und die Universalität[4] des QHE möglich [157]. Defekte führen zu lokalisierten Zuständen aufgrund von Quanteninterferenz (vgl. Abschnitt 6.2), was sich im Magnetfeld in gauß-förmig verbreiterten Landau-Niveaus widerspiegelt (s. Abbildung 1.12 in Abschnitt 1.6.4). Das bedeutet, im Idealfall eines Landau-Spektrums mit deltaförmigen Niveaus, verschwindet die Zustandsdichte zwischen den Niveaus, während bei Berücksichtigung von Unordnung in der Probe lokalisierte Zustände zwischen den Niveaus vorliegen. Wird das oberste Landau-Niveau geleert, in welchem das chemische Potential "gepinnt" ist, so springt das chemische Potential nicht instantan ins nächst tiefere Niveau, wie im vorigen Abschnitt vereinfacht argumentiert wurde, sondern wandert durch den Bereich der lokalisierten Zustände, bis diese entleert sind. Da die lokalisierten Zustände nicht zum Transport beitragen, ändert sich der Widerstand der Probe nicht. Daraus folgt, dass die Nullstellen im Längswiderstand R_{xx} (SdH-Minima) eine endliche Breite besitzen, welche von der Verbreiterung der Landau-Niveaus und damit vom Grad der Unordnung in der Probe bestimmt werden. Entsprechend ergeben sich die Plateaus im Hall-Widerstand R_{xy}, welche mit dem idealen Modell ohne Lokalisierung, aus dem vorigen Abschnitt, nicht verstanden werden konnten.

Aus den experimentellen Beobachtungen lassen sich insgesamt folgende Bedingungen ableiten, welche den Quantenhalleffekt (QHE) [35] charakterisieren:

$$\rho_{xx} = \frac{w}{l} R_{xx} = 0 \quad \wedge \quad \sigma_{xx} = 0 \tag{7.8}$$

und

$$\rho_{xy} = R_{xy} = \frac{h}{\nu e^2}. \tag{7.9}$$

Man spricht vom ganzzahligen QHE[5], wenn ν eine ganze Zahl ist. ν ist der so genannte Füllfaktor, eine charakteristische Größe für den Zustand einer Probe im QHE-Regime, welcher die Anzahl gefüllter nicht-entarteter Landau-Niveaus, mit $E_{LL} < E_F$, beschreibt. Der Füllfaktor ist über den Entartungsgrad g eines Landau-Niveaus mit der zugehörigen Quantenzahl N (vgl. Abschnitt 1.6.4)

---

[4] Für die Universalität ist wesentlich, dass ein 2DES vorliegt, da im Zweidimensionalen der Probenwiderstand skalierungsinvariant ist. D. h. $\frac{e^2}{h} \cdot R$ ist dimensionslos!
[5] Daneben existiert der fraktionale QHE [36] für gebrochenzahlige Werte von ν. Hierbei handelt es sich um einen Volumeneffekt aufgrund von Korrelationseffekten zwischen Elektronen und magnetischen Flussquanten (Stichwort: "composite fermions"). Dieser spielt in den Experimenten der vorliegenden Arbeit keine Rolle und wird daher nicht weiter behandelt.

7.3 Integraler Quantenhalleffekt in Graphen

verknüpft. Für Graphen gilt:

$$N = \frac{|\nu| - 2}{g}. \tag{7.10}$$

Die Korrektur um -2 im Zähler folgt aus der Existenz des Landau-Niveaus bei $E = 0$, da dieses je 2 Zustände für Elektronen und Löcher enthält und die Füllfaktorsequenz daher um 2 verschoben ist [26]: $\nu = \pm 2, \pm 6, \pm 10, \pm 14, \pm 18\ldots$ Wegen der Spin- und Valley-Entartung in Graphen gilt bei kleinen Magnetfeldern, wie bei Silizium, $g = 4$ im Gegensatz zur reinen Spinentartung in GaAs mit $g = 2$. Das Landau-Niveau $N = 0$ bei $E = 0$ bewirkt also, dass der niedrigste Füllfaktor zwei ist, bezogen auf den jeweiligen Ladungsträgertyp. Da dieses Landau-Niveau seine Energie mit dem Magnetfeld nicht verändert, kann es auch nicht entleert werden und für den Longitudinalwiderstand gilt auch bei höheren Magnetfeldern (in Abbildung 7.1 oberhalb ca. 5 T) $R_{xx} = 0$ und $R_{xy} = \frac{h}{2e^2}$. Da der Hall-Widerstand R_{xy} im Magnetfeld nicht verschwindet, ist auch die Nebendiagonale des Leitfähigkeitstensors ungleich Null. Die Leitfähigkeit der Probe kann daher nicht einfach durch Kehrwertbildung berechnet werden, wie in Kapitel 3, sondern durch Tensorinversion. Diese hat als Konsequenz, dass bei verschwindendem Längswiderstand R_{xx} auch die zugehörige Leitfähigkeitskomponente σ_{xx} verschwindet (7.8).

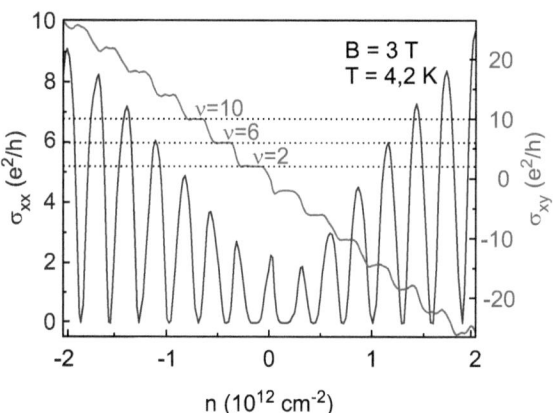

Abbildung 7.5: Leitfähigkeit σ_{xx} und σ_{xy} in Abhängigkeit von n bei festem Magnetfeld von 3 T. ν bezeichnet den Füllfaktor.

Betrachtet man eine reale Probe mit endlichen Abmessungen, so muss das Landau-Spektrum am Probenrand modifiziert werden, da die Ränder der Probe ein Einschlusspotential bilden. Die Energie der Landau-Niveaus steigt zum Probenrand hin an, so dass diese über das chemische Potential gebogen werden und ein leitfähiger Kanal am Schnittpunkt zwischen Landau-Niveau und chemischem Potential entsteht (Abbildung 7.6a). D. h., selbst wenn das chemische Potential genau zwischen zwei Landau-Niveaus liegt und das Probenvolumen daher in einem isolierenden Zustand ist, ist elektrischer Transport am Rand möglich. Die Anzahl dieser so genannten Randkanäle ist daher identisch mit der Anzahl gefüllter Landau-Niveaus. Die räumliche Separation der Kanäle über die Probenbreite

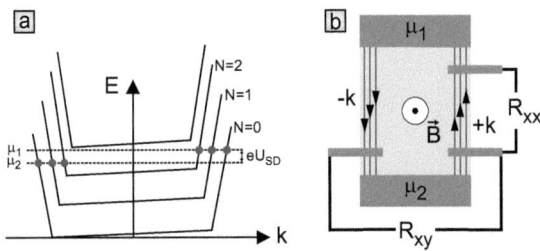

Abbildung 7.6: Schematische Darstellung des Randkanalmodells zum Verständnis des integralen Quantenhalleffekts. (a) Verbogene Landau-Niveaus aufgrund des Einschlusspotentials der endlichen Probe. An den Schnittpunkten zwischen den Landau-Niveaus und den chemischen Potentialen μ_1 bzw. μ_2 bilden sich eindimensionale ballistische Kanäle (sog. "Randkanäle", rote Punkte). Die Differenz zwischen μ_1 und μ_2 wird durch die "source-drain"-Spannung U_{SD} bestimmt. (b) Aufsicht auf eine Probe im QHE-Regime. Die Randkanäle laufen, separiert durch die Probenbreite, in entgegengesetzte Richtungen ($\pm k$). Durch die Separation wird Streuung zwischen den gegenläufigen Kanälen unmöglich. Der Transport ist dissipationsfrei: $R_{xx} = 0$. Daraus folgt, dass die Randkanäle bis zum chemischen Potential des Kontaktes gefüllt werden, aus dem sie entspringen.

sorgt für eine vollständige Unterdrückung von Streuung zwischen den Kanälen. Auf einer Probenseite laufen ausschließlich Moden mit einem Wellenvektor $+k$, auf der gegenüberliegenden Seite entsprechend solche mit $-k$ (Abbildung 7.6b). Zwischen den Kontakten auf einer Probenseite herrscht somit ein Potentialausgleich, welcher einem verschwindenden Spannungsabfall entspricht. Es gilt:

$$U_{xx} = 0 \quad \wedge \quad U_{xy} = \frac{\mu_1 - \mu_2}{e}. \tag{7.11}$$

Die Randkanäle können somit als eindimensionale ballistische Leiter aufgefasst werden, d. h. das elektrochemische Potential eines Randkanals bleibt über seinen Laufweg konstant. Es entspricht dem chemischen Potential des Kontaktes, aus dem der Randkanal entspringt, zuzüglich des elektrostatischen Potentials eU_{SD}. Letzteres fällt in den Formeln 7.11 und 7.12 heraus.

Die Quantisierung des Hall-Widerstandes R_{xy} sowie das Verschwinden des Longitudinalwiderstandes R_{xx} können im Randkanalbild sehr einfach verstanden werden: Der Strom I_{SD} durch die Probe wird konstant gehalten (vgl. Abschnitt 2.3.2, Abbildung 2.12) und kann im Modell des ballistischen Transports nach der Landauer-Formel mit

$$I_{SD} = \frac{\chi e}{h}(\mu_1 - \mu_2). \tag{7.12}$$

beschrieben werden. Dabei ist χ die Anzahl der Moden des ballistischen Leiters. μ_1 und μ_2 bezeichnen die chemischen Potentiale der "source-drain"-Kontakte. Damit kann man aus den Spannungen U_{xx} und U_{xy} die Widerstände R_{xx} und R_{xy} ableiten:

$$R_{xx} = \frac{U_{xx}}{I_{SD}} = 0 \quad \wedge \quad R_{xy} = \frac{U_{xy}}{I_{SD}} = \frac{h}{\chi e^2}. \tag{7.13}$$

Jede Mode trägt ein Leitfähigkeitsquantum e^2/h zum Gesamttransport bei. Die Gesamtleitfähigkeit ist daher einfach die Summe der Moden, also $\chi e^2/h$, welche im QHE-Regime identisch ist mit der Summe der nicht-entarteten Landau-Niveaus unterhalb des chemischen Potentials. Es folgt also für den Hall-Widerstand $R_{xy} = h/\nu e^2$. Zusammen mit der Füllfaktorsequenz (Gleichung 7.10) in Graphen ergeben sich die gemessenen Werte von R_{xy}.

Im nächsten Kapitel wird das Randkanalmodell eine große Rolle bei der Beschreibung von Graphen pn-Übergängen im Magnetfeld spielen.

8 Graphen pn-Übergänge

Pn-Übergänge sind ein interessantes System, um die Besonderheiten des Ladungsträgerverhaltens in Graphen genauer zu studieren. So hat man ein Modellsystem, um das Verhalten von Dirac-Fermionen an einer Potentialstufe (vgl. Kapitel 1, Abschnitt 1.6.1) zu testen. Außerdem lassen sich im Magnetfeld Untersuchungen zur Äquilibrierung von Randkanälen im QHE-Regime anstellen.

8.1 Erzeugung von Graphen pn-Übergängen

Um einen pn-Übergang zu erzeugen gibt es verschiedene Möglichkeiten, welche je nach Verwendungszweck bestimmte Vor- und Nachteile besitzen. Die erste Methode ist die Verwendung eines Topgates, also die Aufbringung eines Isolators (Oxid, Polymer) auf eine kontaktierte Graphenprobe und nachfolgende Strukturierung einer Topgate-Elektrode auf dem Oxid. Über eine elektrische Spannung lässt sich somit die Ladungsträgerdichte im Graphen, aufgrund des Feldeffekts, unter dem Topgate lokal ändern. Zusätzlich steht weiterhin das Backgate zur Verfügung, um die globale Ladungsträgerdichte einzustellen. Mit einem solchen System lassen sich alle Kombinationen von pp über pn bis nn darstellen und elektrisch charakterisieren [158]. Die Verwendung eines Oxids (SiO_2, SiO, Al_2O_3) hat den Nachteil, dass die Probenqualität unter dem Oxid erheblich vermindert wird, was sich durch eine zwei- bis dreifach niedrigere Mobilität im Vergleich zu Graphen ohne Oxid zeigt. Gründe dafür können geladenen Störstellen, Oxidrauigkeit an der Grenzfläche zum Graphen sowie eingeschlossene Adsorbate sein, die zwischen Oxid und Graphen sitzen und nicht mehr entfernt werden können. Die Verwendung von Polymeren (z.B. PMMA) als Topgate-Isolation würde die Probenqualität weniger beeinflussen, allerdings ist hier die kleinere Dielektrizitätszahl sowie die schlechtere Durchschlagfestigkeit bzw. das Leckstromverhalten nachteilig.

Eine Alternative bietet chemisches Dotieren. Hierbei wird die kontaktierte Graphenprobe mit PMMA belackt und eine Hälfte mittels Elektronenstrahl belichtet. Man erhält damit ein Fenster im PMMA, welches eine Hälfte der Graphenprobe abdeckt während die andere Hälfte mit PMMA bedeckt bleibt (Abbildung 8.1). Wählt man das PMMA ausreichend dick (200 nm), so diffundieren Gase nur langsam hindurch. Der unbedeckte Teil des Graphens kann dann einem Gas ausgesetzt werden, um lokal zu dotieren oder alternativ können vorhandene Dotierstoffe durch Vakuum bzw. Ausheizen aus diesem Bereich entfernt werden. Die Dotierung unter dem PMMA bleibt dabei im Falle der

8 Graphen pn-Übergänge

Vakuumbehandlung erhalten, wie sich im Folgenden zeigen wird.

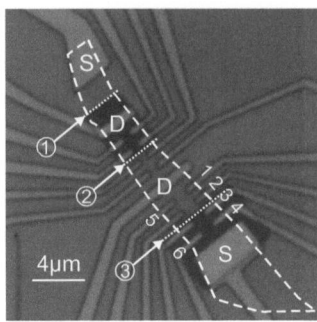

Abbildung 8.1: Lichtmikroskopische Aufnahme einer kontaktierten Graphenprobe, welche mit 200 nm PMMA als Diffusionsbarriere belackt wurde. In das PMMA wurden 2 Fenster strukturiert, um das Graphen hier gezielt zu dotieren. Die Zahlen in Kreisen bezeichnen drei mögliche pn-Übergänge dieses Designs. Die Zahlen 1 bis 6 bzw. S, D markieren die verwendeten Kontakte.

Die abgebildete Struktur realisiert drei separate Proben, bezeichnet durch die Zahlen in Kreisen. In der folgenden Diskussion werden nur Daten verwendet, welche am pn-Übergang Nr. 3 gemessen wurden, da sich Nr. 1 & 2 identisch verhalten.

Wird eine so strukturierte Probe Vakuumbedingungen ausgesetzt, wie dies in Kapitel 4 gezeigt wurde, so ändert sich die Dotierung in den unbedeckten Bereichen, während unter dem PMMA keine bzw. eine verlangsamte Änderung stattfindet. Dies kann mittels in-situ Messung des Vierpunktwiderstandes in jedem Bereich verfolgt werden. Dazu wird vor der Vakuumbehandlung eine Feldeffektkurve aufgenommen, um den Anfangszustand zu bestimmen und daraus eine Gate-Spannung ermittelt, welche vor dem Kurvenmaximum im Bereich der Lochleitung liegt. Während der Vakuumbehandlung wird dann der Vierpunktwiderstand bei dieser Gate-Spannung separat für beide Bereiche gemessen. Verschiebt sich die Kurve durch Adsorbatdesorption nach links, so nimmt der gemessene Widerstand zu. Wird das Maximum überschritten, so sinkt der Widerstand wieder und zeigt damit an, dass der Neutralitätspunkt der Probe nun bei der zuvor eingestellten Gate-Spannung liegt. Mit dieser Methode kann man den Neutralitätspunkt einer dotierten Probe auf einem weiten Bereich um den Ausgangszustand einstellen.

In Abbildung 8.2 ist die Zeitabhängigkeit des Widerstandes einer Probe mit strukturiertem PMMA aufgetragen. Das Inset skizziert das Prinzip der zuvor beschriebenen in-situ Messmethode bei fester Gate-Spannung U. Während der Widerstand des PMMA-belackten Bereiches zeitlich konstant bleibt ($R_1 = R_2$), steigt der Widerstand im Fenster nahezu linear von $R_1 = 750\,\Omega$ auf $R_3 = 1800\,\Omega$. Dies entspricht einer Verschiebung der Feldeffektkurve zu kleineren Gate-Spannungen und bedeutet die Bildung einer Stufe in der räumlichen Verteilung der Ladungsträgerdichte auf der Probe. Aufgrund

8.1 Erzeugung von Graphen pn-Übergängen

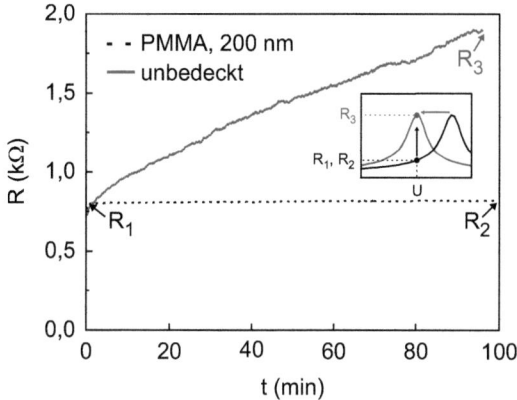

Abbildung 8.2: Zeitabhängiges Verhalten von PMMA-bedeckten und unbedeckten Bereichen einer Graphenmonolage im Vakuum von ca. 10^{-5} mbar bei RT. Im unbedeckten Bereich ändert sich der Widerstand bei fester Gate-Spannung $U = 0\,\text{V}$ aufgrund desorbierender Adsorbate linear mit der Zeit von R_1 zu R_3, während das PMMA im bedeckten Bereich die Desorption unterdrückt ($R_1 = R_2$). Das Inset skizziert die Zuordnung der angegebenen Größen.

der diffusionshemmenden Eigenschaften von 200 nm dickem PMMA, wie dieses Experiment zeigt, liegt die Schärfe der Stufe vermutlich im gleichen Bereich. Diese Aussage steht unter der Annahme, dass Diffusion durch PMMA senkrecht zur Probenoberfläche isotrop ist gegenüber Diffusion durch das PMMA entlang der Probenoberfläche.

Obwohl die 200 nm dicke PMMA-Schicht bei Raumtemperatur die Diffusion der Dotierstoffe hemmt, lässt sich der Neutralitätspunkt der Probe bei Bedarf auch unter dem PMMA verändern indem man in der Probenkammer ein Vakuum erzeugt und die Probe zusätzlich auf ca. 140°C heizt. Dies geschieht ähnlich wie in Kapitel 4 allerdings mit reduzierter Rate. D.h. für eine vergleichbare Veränderung der intrinsischen Dotierung muss entsprechend länger geheizt bzw. abgepumpt werden. So ist es möglich eine bereits belackte Probe nachträglich in ihrer intrinsischen Dotierung anzupassen. Der unbedeckte Probenbereich wird dabei natürlich immer schneller reagieren. Durch geschickte Kombination von Vakuumbehandlung und/oder Ausheizen sowie gegebenenfalls chemischer Dotierung, lässt sich somit fast jede Ladungsträgerdichtedifferenz zwischen unterschiedlichen Gebieten auf derselben Probe einstellen. Dabei ist zu beachten, dass kleine Moleküle bei der chemischen Dotierung durch das PMMA diffundieren können und eine Dotierung des darunterliegenden Graphens bewirken. Die Zeitkonstante ist aber um ein Vielfaches größer als beim unbedeckten Graphen, so dass sich Dotiergradienten durch chemische Dotierung gut kontrollieren lassen (s. nächster Abschnitt 8.2).

In Abbildung 8.3 ist eine Feldeffektmessung bei 1,5 K gezeigt, welche am pn-Übergang Nr.3 der Probe aus Abbildung 8.1 durchgeführt wurde. Dabei wird jeder Bereich der Probe getrennt gemessen.

8 Graphen pn-Übergänge

Die zugehörigen Kontaktpaare sind in der Abbildung 8.1 bezeichnet. Der Strom I_{SD} wird über die Kontakte S und D eingespeist und die Spannung an den Kontaktpaaren 1&2, 2&3 sowie 3&4 gemessen. 1&2 ist der Bereich, welcher mit 200 nm PMMA bedeckt ist, 3&4 ist unbedeckt (Fenster) und 2&3 liefert den Spannungsabfall über den Grenzbereich zwischen bedecktem und offenem Bereich. Vor dieser Messung wurde die Probe für zwei Stunden, bei Raumtemperatur, Vakuumbedingungen von 10^{-5} mbar ausgesetzt und die Widerstände der PMMA-bedeckten und -unbedeckten Bereiche bei fester Gate-Spannung über der Zeit gemessen. Das Vorgehen und die Messung laufen genau so ab, wie zuvor erläutert wurde bzw. in Abbildung 8.2 dargestellt ist. Nach der Behandlung wird die Probe über eine Schleuse, wie im Kapitel 5, in den Kryostaten überführt und ins Heliumbad abgesenkt, damit der erzeugte Ladungsträgerdichtegradient fixiert wird und keine Hysterese im Feldeffekt auftritt.

Die Differenz zwischen den Neutralitätspunkten des PMMA-bedeckten (schwarze Kurve, Kontakte 1&2) und -unbedeckten (rote Kurve, Kontakte 3&4) Bereichs ist an der Verschiebung der FE-Kurven um etwa 23 V bzw. $1{,}8 \cdot 10^{12}$ cm^{-2} zu erkennen. Über die Grenze zwischen den Bereichen (grüne Kurve, Kontakte 2&3) misst man eine Gate-Spannungsabhängigkeit des Widerstandes, der die Superposition der beiden Einzelbereiche ist. Wählt man eine Gate-Spannung, die zwischen den Neutralitätspunkten der beiden Bereiche liegt, so entsteht ein pn-Übergang (schattierter Bereich in der Abbildung 8.3), da der unbedeckte Bereich sich dann in der Elektronenleitung (n) befindet während der bedeckte Bereich lochleitend ist. Im hier gezeigten Experiment wurde die Gate-Spannung mit 19 V symmetrisch zwischen den Neutralitätspunkten gewählt (gestrichelte Linie). Bei dieser Gate-Spannung wurde zudem eine I-U Kennlinie des pn-Übergangs in 2-Punkt Geometrie aufgenommen, gemessen zwischen den Kontakten S&D. Die Kennlinie ist im Inset links oben gezeigt und weist ein ohmsches Verhalten auf, welches die Summe aus Kontaktwiderständen, den Widerständen der p- und n-Regionen sowie dem Widerstand des Übergangs selbst widerspiegelt. Für die hier untersuchte Probe ergibt sich aus der I-U Kennlinie ein Zweipunktwiderstand von 9 kΩ. Aus dem Vergleich dieser Messung mit der Vierpunktmessung in der Hauptabbildung folgt ein Kontaktwiderstand von weniger als 1 kΩ. Die ohmsche I-U Kennlinie des pn-Übergangs ist ein Indiz für das Tunnelverhalten von Dirac-Fermionen an einer Potentialbarriere (vgl. Abschnitt 1.6.1). Ein Material mit Bandlücke und parabolischer Dispersion würde eine konventionelle Diodencharakteristik aufweisen. In Kapitel 9 wird das Tunnelverhalten anhand eines Arrays ballistischer pn-Übergänge weiter untersucht und die typische Dichteabhängigkeit der pn-Leitfähigkeit [12] in Graphen experimentell nachgewiesen.

Neben der Untersuchung von Effekten, welche mit dem Vorliegen eines reinen pn-Übergangs erklärt werden können, lassen sich in einer partiell dotierten Probe auch Erfahrungen sammeln, wie sich Proben mit einer inhomogenen Dotierung verhalten. Da reale Proben immer Inhomogenitäten bzw. Dotiergradienten aufweisen kann es Szenarien geben, in denen die Grenze zwischen inhomogenen Bereichen gerade zwischen zwei Kontakten liegt und somit parasitäre Effekte aufgrund dieses Über-

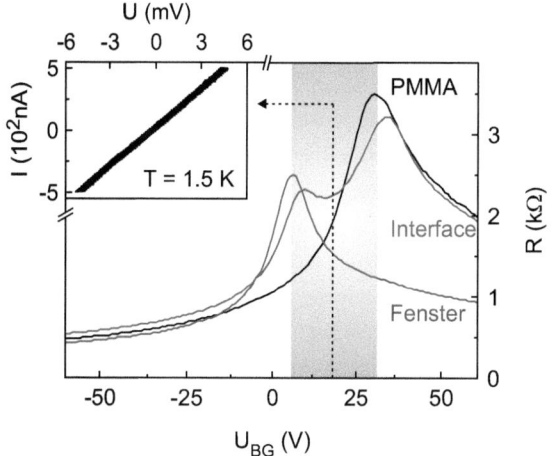

Abbildung 8.3: Messung des Feldeffekts in den verschiedenen Bereichen von pn-Übergang 3 aus Abbildung 8.1: schwarze Kurve (unter PMMA, Kontakte 1&2), rote Kurve (im Fenster, Kontakte 3&4) sowie grüne Kurve (über die pn-Grenzfläche, Kontakte 2&3). Das Inset zeigt die I-U Kennlinie des pn-Übergangs gemessen zwischen S&D bei fester Gate-Spannung von 19 V (schattierter Bereich).

gangs gemessen werden. Insbesondere im Magnetfeld werden solche Effekte relevant, daher wird im folgenden Abschnitt der Transport in einem Graphen pn-Übergang im Magnetfeld von bis zu 12 T untersucht.

8.2 Graphen p-n Übergänge im Magnetfeld

In diesem Abschnitt wird das Verhalten eines Graphen pn-Übergangs bei hohen Magnetfeldern im QHE-Regime untersucht.

Während im vorigen Abschnitt eine unstrukturierte Probe verwendet wurde, um das Prinzip der Erzeugung von Dotiergradienten zu erläutern, wird hier eine strukturierte Graphenhallbar eingesetzt. Die Strukturierung führt zu einer definierten Geometrie und beseitigt verformte oder gefaltete Bereiche am Probenrand, welche zu parasitären Asymmetrien bei Messungen im Magnetfeld führen können [95].

Nach der üblichen Prozessierung und Kontaktierung zur Herstellung eines GFET (vgl. Abschnitt 2.3.2), wird dieser mit 200 nm PMMA belackt und ein Fenster strukturiert, welches eine Hälfte der Probe senkrecht zur Stromrichtung abdeckt. Die Probengeometrie und Kontaktierung ist ähnlich der Nr. 3 in Abbildung 8.1 aus dem vorigen Abschnitt. Nun wird chemisches Dotieren eingesetzt, kombiniert mit Ausheizen und Vakuumbehandlung, um die Neutralitätspunkte der beiden Probenbereiche mög-

8 Graphen pn-Übergänge

lichst um den Nullpunkt zu gruppieren und den "p-Offset" zu minimieren[1]. Dies hat für die spätere Messung den Vorteil, dass rechts und links des Nullpunktes gleiche Gate-Spannungsbereiche abgedeckt werden können ohne im Positiven zu sehr hohen und damit riskanten Gate-Spannungen gehen zu müssen. Die Kontrolle des Neutralitätspunktes durch in-situ Messung des Probenwiderstands bei fester Gate-Spannung wird genauso durchgeführt, wie im vorigen Abschnitt (s. Abbildung 8.2).
Die Probe wird durch Ausheizen und Vakuumbehandlung so eingestellt, dass der Neutralitätspunkt beider Bereiche nahe 0 V liegt. Dann wird mit Ammoniak dotiert, so wie in Kapitel 5, Abschnitt 5.2 beschrieben. Die Dotierung wird so oft wiederholt, bis die Differenz der Bereiche 15 V beträgt[2]. Der Neutralitätspunkt des Bereiches im Fenster liegt bei der hier diskutierten Probe dann bei -25 V, während der abgedeckte Bereich bei -10 V liegt (s. Abbildung 8.4). Die in Kapitel 5, Abschnitt 5.3 untersuchte Asymmetrie zwischen der Elektronen- und Lochbeweglichkeit kann hier ausgenutzt werden, da n-dotierte Bereiche eine erhöhte Elektronenmobilität aufweisen und p-dotierte Bereiche entsprechend eine höhere Lochbeweglichkeit. Stellt man die Probe mittels Backgate auf eine Ladungsträgerdichte ein, welche zwischen den Neutralitätspunkten der beiden Gebiete liegt, so erhält man einen pn-Übergang, welcher sich aus den Gebieten mit maximaler Mobilität zusammensetzt.
Über eine Schleuse wird die fertig dotierte Probe ohne Luftkontakt in den Kryostaten überführt und auf die Messtemperatur von 1,5 K abgekühlt. Bei tiefen Temperaturen tritt keine Hysterese im Feldeffekt auf, da die Wasserdipole unbeweglich sind und die Adsorbatkonfiguration auf der Probe fixiert ist (vgl. Kapitel 4).
Zur Untersuchung von Graphen pn-Übergängen im Magnetfeld ist es sinnvoll, eine Dichtedifferenz zu wählen, die dem Abstand zweier QHE-Zustände bei einem bestimmten Magnetfeld entspricht. Regionen unterschiedlicher Füllfaktors können so miteinander kombiniert und die Wechselwirkung von Randkanälen an der Grenze zwischen den Regionen untersucht werden. Die Abbildung 8.4 zeigt den Hall-Widerstand R_{xy}, gemessen bei 12 T und 1,5 K, für zwei Gebiete mit unterschiedlichen Ladungsträgerdichten n_1 (blaue Kurve) und n_2 (schwarze Kurve). Die Differenz $\Delta n = n_1 - n_2$ wurde so eingestellt, dass unter den gegebenen Bedingungen je zwei benachbarte QHE-Zustände (bspw. $\nu = 2$ und $\nu = -2$) bei derselben globalen Ladungsträgerdichte erreicht werden. Um eine gute Trennung der Landau-Niveaus zu haben, soll bei $B = 12\,T$ gearbeitet werden. Die Dichtedifferenz zwischen zwei benachbarten QHE-Zuständen ist demnach $n = 48[T]\,e/h$ (Formel 7.5 in Abschnitt 7.2), also $1{,}16 \cdot 10^{12}\,\text{cm}^{-2}$. Das entspricht einer Gate-Spannungsdifferenz zwischen den Neutralitätspunkten von 15 V. Es können somit die QHE-Zustände (-10,-6), (-6, -2), (-2,2), (2,6) und (6,10) miteinander kombiniert werden, indem die entsprechende Gate-Spannung (etwa -45 V, -30 V, -15 V, 0 V, 15 V) eingestellt wird. Im Längswiderstand, gemessen über den pn-Übergang, tritt dann eine

---

[1] Im vorigen Abschnitt lag der Symmetriepunkt des pn-Übergangs bei +19 V, was zugleich dem "p-Offset" entspricht.
[2] 15 V ist kein beliebiger Wert sondern für das geplante Experiment erforderlich. Die Erklärung wird im weiteren Verlauf der Diskussion gegeben.

8.2 Graphen p-n Übergänge im Magnetfeld

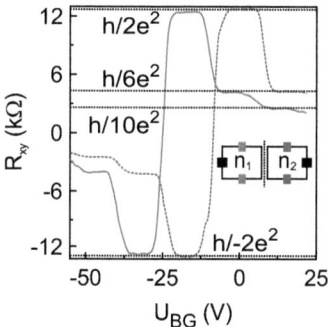

Abbildung 8.4: Hall-Widerstand R_{xy}, gemessen bei 12 T und 1,5 K. Durch chemisches Dotieren wurden die Neutralitätspunkte der beiden Probenbereiche um 15 V bzw. $1{,}16 \cdot 10^{12}$ cm^{-2} gegeneinander verschoben.

charakteristische Asymmetrie im Magnetfeld auf (Abbildung 8.5a, b). Bei einer homogenen Probe wäre die Abhängigkeit des Längswiderstandes von n und B ein "Shubnikov-de Haas-Fächer", welcher Linien konstanten Füllfaktors zeigt und symmetrisch bezüglich der Magnetfeldrichtung ist. Äquivalent zur Umpolung des Magnetfeldes ist der Wechsel der Probenseite, an der R_{xx} gemessen wird. Bei den in dieser Arbeit untersuchten pn-Übergängen ist die Asymmetrie sowohl im Magnetfeld als auch für gegenüberliegende Probenseiten in identischer Weise zu beobachten. Daher wird für die folgende Diskussion nur eine Probenseite bei variablem Magnetfeld betrachtet. Eine entsprechende Messung bei 1,5 K ist in Abbildung 8.5 dargestellt. Die Asymmetrie zwischen positiver und negativer Magnetfeldrichtung ist an der charakteristischen Y-Form des Plots zu erkennen. Eine Probe ohne pn Übergang bzw. die Zweipunktmessung eines pn-Übergangs würde ein X-Form aufweisen. Betrachtet man Schnitte bei positivem (Abbildung 8.5b, rote Kurve) und negativem Magnetfeld (grüne Kurve), so lassen sich Widerstandsplateaus zuordnen, welche im untersuchten Bereich Werte von h/e^2, $h/3e^2$ und $h/15e^2$ haben und im QHE in Graphen bei voller Vierfachentartung nicht auftreten. Jedes Plateau korrespondiert mit einem Minimum in der Kurve zum jeweils entgegengesetzten Magnetfeld und hat somit große Ähnlichkeit mit dem QHE in GFETs (vgl. Kapitel 7). Neben den abweichenden Plateauwerten muss man beachten, dass hier der Längswiderstand R_{xx} betrachtet wird und nicht der Hall-Widerstand R_{xy}. Es liegt also offensichtlich eine Mischung von beiden Anteilen vor. Außerdem tritt das Plateau bei h/e^2 in der Kurve für negatives Magnetfeld auf während die anderen, $h/3e^2$ und $h/15e^2$, nur bei positivem Magnetfeld vorkommen. Beim Übergang vom bipolaren pn-Regime (-25 V bis -10 V, grau schattiert) zum homopolaren p+p- bzw. n+n-Regime (<-25 V bzw. >-10 V) schneiden sich die beiden Kurven und verlaufen mit steigender Gate-Spannung bzw. Ladungsträgerdichte parallel, wobei die Kurve für negatives Magnetfeld (grüne Kurve) SdH-Oszillationen ausbildet und die rote Kurve entsprechend bei jedem Minimum Plateaus mit absteigenden Werten zeigt. Die andere Probenseite, deren Daten hier nicht gezeigt werden, verhält sich exakt gleich, wenn man in

8 Graphen pn-Übergänge

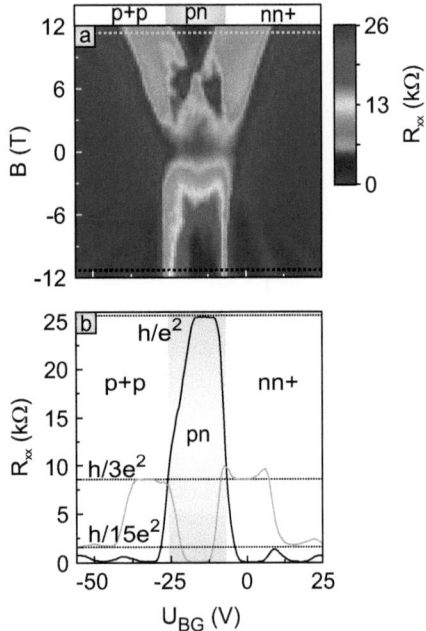

Abbildung 8.5: (a) 2D-Plot des 4-Punkt Längswiderstandes R_{xx} in Abhängigkeit von Backgate-Spannung U_{BG} und Magnetfeld B bei 1,5 K. (b) Horizontale Schnitte aus (a) bei +11 T (rote Kurve) und -11 T (grüne Kurve). h/e^2, $h/3e^2$ und $h/15e^2$ sind die "untypischen" Widerstandswerte, welche aufgrund von Randkanalmischung auftreten.

8.2 Graphen p-n Übergänge im Magnetfeld

der Beschreibung das Vorzeichen des Magnetfeldes umkehrt. Die Beobachtungen lassen sich also wie folgt zusammenfassen: (I) Asymmetrie von R_{xx} sowohl bei Vorzeichenwechsel des Magnetfeldes als auch beim Wechsel der untersuchten Probenseite. (II) Mischung von SdH-Oszillationen mit entsprechenden Nullstellen und QHE-Plateaus bei "untypischen" Werten. In Lehrbüchern zum mesoskopischen Transport [136, 137, 159] findet man Beispiele für Experimente zum adiabatischen Transport in konventionellen 2DES, bei denen Randkanäle durch ein "split-gate" reflektiert werden, sodass diese in "falsche" Kontakte einmünden. Dies führt zur Äquilibrierung des chemischen Potentials dieser Kanäle mit anderen, welche in denselben Kontakt einmünden. In diesen Experimenten werden ebenfalls "ungewöhnliche" Widerstandsquantisierungen gemessen. Tatsächlich eignet sich das Modell der Randkanäle gut, um die an Graphen pn-Übergängen im Magnetfeld gemachten Beobachtungen zu verstehen. Anstelle eines "split-gates" fungiert hier der pn-Übergang selbst als Barriere, welche Randkanäle reflektiert. Bei festem Magnetfeld haben die beiden Probenbereiche im pn-Regime entgegengesetzte Chiralität, d.h. an einer Probenseite laufen Kanäle, welche aus "source" bzw. "drain" stammen aufeinander zu, werden an der Barriere reflektiert, laufen an ihr entlang zur gegenüberliegenden Seite und äquilibrieren ihre chemischen Potentiale bis sie die andere Seite erreichen. Dort laufen sie auseinander, die Seite entlang, übertragen ihr Potential auf die Kontakte, an denen R_{xx} gemessen wird und münden wieder in "source" bzw. "drain" des GFET. Dies ist in der Abbildung 8.6 in der Skizze links oben dargestellt und beschreibt korrekt das Verhalten von R_{xx} im grau schattierten Bereich in Abbildung 8.5b. Aufgrund des Landau-Niveaus bei $E = 0$ in Graphen (vgl. Abschnitt 1.6.4 und 7.3) ist der niedrigste Füllfaktor $|\nu| = 2$. Somit wechselwirken im pn-Fall je 2 lochartige mit 2 elektronenartigen Randkanälen. Da die Randkanäle ballistische Leiter ohne Potentialabfall darstellen, übertragen sie das chemische Potential des Kontaktes, aus dem sie entspringen auf die Kontakte, in die sie einmünden. Es gilt also $\mu_1 - \mu_2 = eU_{SD}$, wobei U_{SD} die Spannung zwischen "source" und "drain" ist. Für die Einzelwiderstände R_l ("links") und R_r ("rechts") der beiden Bereiche folgt daher unter der Voraussetzung eines konstanten "source-drain" Stroms I_{SD}:

$$R_l = \frac{h}{|\nu_1|e^2} \tag{8.1}$$

sowie

$$R_r = \frac{h}{|\nu_2|e^2}. \tag{8.2}$$

Es handelt sich dabei also lediglich um die Hall-Widerstände der beiden Teilbereiche. Der Gesamtwiderstand R_b vor der Äquilibrierung für den pn-Fall ist daher:

$$R_b = R_l + R_r = \frac{h}{e^2} \frac{|\nu_1| + |\nu_2|}{|\nu_1||\nu_2|}. \tag{8.3}$$

Für $\nu_1 = -\nu_2 = 2$ ergibt sich demnach $R_b = h/e^2 = 25812,807\,\Omega$. Aus der grünen Kurve in

8 Graphen pn-Übergänge

Abbildung 8.5b erhält man für R_b 25,5 kΩ, was im Rahmen des Messfehlers eine sehr gute Übereinstimmung mit der Theorie ist. Bei entgegengesetzter Magnetfeldrichtung (Abbildung 8.6, links

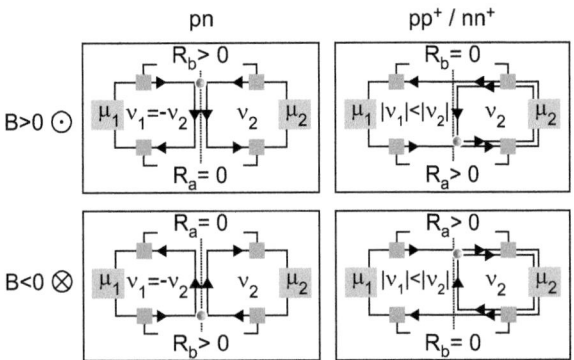

Abbildung 8.6: Randkanalmodell zur Erklärung von Äquilibrierungseffekten am pn-Übergang in Graphen. Die vier Skizzen zeigen alle möglichen Kombinationen pn (linke Spalte) sowie pp$^+$/nn$^+$ (rechte Spalte) jeweils bei positivem (obere Zeile) und negativem (untere Zeile) Magnetfeld. ν_1 und ν_2 sind die Füllfaktoren der jeweiligen Bereiche, R_b und R_a sind die Längswiderstände vor und nach der Äquilibrierung der Randkanäle. Die orangefarbenen Punkte kennzeichnen den ungefähren Ort des Potentialausgleichs, die so genannten "Hot-Spots". μ_1 und μ_2 sind die chemischen Potentiale von "source" und "drain".

unten), was der roten Kurve in Abbildung 8.5b entspricht, misst man auf der gleichen Probenseite $R_a = 0$ für den pn-Fall. Dies ist sofort plausibel, da die Messung nun nach der Äquilibrierung der Randkanäle am pn-Übergang stattfindet, beide Kontakte der Widerstandsmessung auf dem gleichen Potential $\frac{\mu_1+\mu_2}{2}$ liegen und der Spannungsabfall daher null ist. Für den homopolaren Fall (pp$^+$/nn$^+$ in Abbildung 8.6, rechts bzw. rechts und links des schattierten Bereiches in Abbildung 8.5b) lässt sich die Diskussion analog fortführen. Hier können die Randkanäle, welche dem kleinsten gemeinsamen Füllfaktor entsprechen, die Grenzfläche passieren während die anderen reflektiert werden. So gilt in diesem Fall für den Widerstand R_b vor der Äquilibrierung bei fester Magnetfeldrichtung $R_b = 0$ (Abbildung 8.6, rechts oben), da die Potentialsonden aufgrund der durchlaufenden Randkanäle beide auf demselben Potential μ_2 liegen. Die reflektierten Randkanäle laufen die Grenzfläche entlang zur anderen Probenseite und äquilibrieren dort mit jenen, welche vom Kontakt μ_1 stammen. Für den Widerstand nach der Äquilibrierung gilt hier nun:

$$R_a = R_l + R_r = \frac{h}{e^2}\frac{|\nu_1|-|\nu_2|}{|\nu_1||\nu_2|}. \tag{8.4}$$

Für die Füllfaktoren (-2,-6) bzw. (2,6) ist R_a damit $h/3e^2 = 8604,269\,\Omega$, für (-6,-10) bzw. (6,10) ergibt sich entsprechend $R_a = h/15e^2 = 1720,8538\,\Omega$. Die Werte werden im Experiment mit 8535 Ω bzw. 1670 Ω gut erreicht und zeigen, dass chemisches Dotieren eine gute Probenqualität

8.2 Graphen p-n Übergänge im Magnetfeld

gewährleistet und vollständige Randkanaläquilibrierung stattfindet.

9 Graphen pn-Arrays

In diesem Kapitel werden Experimente mit GFETs diskutiert, die ein nanostrukturiertes Topgate besitzen, welches die Erzeugung eines periodisch modulierten Potentials mit typischen Dimensionen von 100 nm erlaubt. Aufgrund des Feldeffekts lässt sich in der Graphenmonolage damit eine periodisch veränderliche Ladungsträgerdichte erzeugen und einige Phänomene im Zusammenhang mit geladenen Störstellen bzw. künstlichen coulomb-artigen eindimensionalen Gittern studieren. Darüber hinaus lassen sich mit dem Topgate Vielfach-pn-Übergänge erzeugen und theoretische Vorhersagen zur Leitfähigkeit ballistischer pn-Übergänge testen.

9.1 GFETs mit periodisch strukturiertem Topgate

Für die folgenden Experimente wird eine Graphenmonolage nach dem in Kapitel 2 beschriebenen Prozess identifiziert, strukturiert und zu einem GFET kontaktiert. Auf den kontaktierten GFET wird als Dielektrikum 20 nm Siliziummonoxid (SiO) durch eine Schattenmaske thermisch aufgedampft. Die Schattenmaske enthält ein Loch mit einem Durchmesser von 500 μm und bewirkt, dass die Bondpads des GFETs nicht mit Oxid bedeckt werden. Danach wird die Probe mit 140 nm PMMA 950k belackt und mittels Elektronenstrahl eine Topgate-Struktur belichtet, welche aus zwei ineinander greifenden getrennten Fingerstrukturen besteht, einer so genannten Interdigitalstruktur. Diese ermöglicht die separate Kontaktierung zweier unabhängiger periodischer Topgates. Die Struktur wird durch thermisches Aufdampfen von 15 nm AuPd und nachfolgenden Lift-Off übertragen. Ein Ausschnitt der fertigen Probe ist in Abbildung 9.1 als elektronenmikroskopische Aufnahme dargestellt. In der unteren Ebene sind die 10 Kontakte des GFET an ihrer geringeren Helligkeit zu erkennen. Darüber befindet sich die Interdigitalstruktur, welche durch ihren hohen Kontrast weißlich erscheint. Das Dielektrikum ist völlig transparent. A und B bezeichnen die beiden Zuleitungen zu den getrennten Fingerstrukturen des Topgates. In der Mitte zwischen den Kontakten ragen die beiden Strukturen auf einer Breite von etwa 4 μm ineinander. Die Graphenprobe befindet sich also unter einem periodischen Topgate mit typischen Abmessungen der Fingerstrukturen bzw. Lücken von 40 nm bzw. 60 nm (s. zweites Inset, oben links). Diese Geometrie erlaubt die separate Kontaktierung der beiden Äste des Topgates, welche gekoppelt oder unabhängig betrieben werden können. Durch Kopplung von A und B erzeugt man eine Modulation mit einer Periode von 100 nm. Getrennte Verwendung von A

9 Graphen pn-Arrays

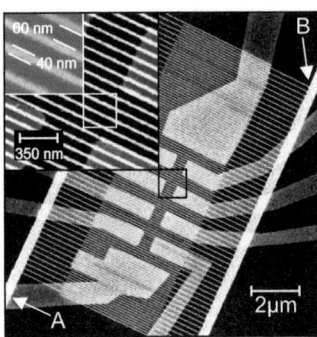

Abbildung 9.1: Elektronenmikroskopische Aufnahme einer kontaktierten Graphenmonolage, welche mit einem strukturierten Interdigital-Topgate versehen wurde. Die beiden Insets zeigen vergrößerte Ausschnitte der Struktur mit typischen Dimensionen der Fingerstrukturen bzw. Lücken von 40 nm bzw. 60 nm. Die Zuleitungen A und B erlauben die getrennte Ansteuerung der beiden Äste der Interdigitalelektrode.

oder B ergibt eine Periode von 200 nm. Die Ladungsträgerdichte unter jedem Finger hat in allen Fällen das gleiche Vorzeichen (Elektronen bzw. Löcher). Mit dem Backgate kann man die globale Ladungsträgerdichte im GFET dann bspw. auf die entgegengesetzte Ladungsträgerdichte einstellen und somit alle möglichen Kombinationen von pp-, nn- sowie pn-Konfigurationen erzeugen. Die Ladungsträgerdichte unter den Fingern ist dabei die Summe der induzierten Dichten von Backgate und Topgate, während die Ladungsträgerdichte zwischen den Fingern allein vom Backgate bestimmt wird.

Statt dieser einseitigen Kontaktierung ist es jedoch auch möglich, die Besonderheiten der Interdigitalstruktur auszunutzen und eine Modulation zu erzeugen, welche sich im Mittel exakt kompensiert. Die Kontaktierung erfolgt in der Form A = -B und ist eine Modulation mit einer Periode von 200 nm, welche den Neutralitätspunkt der Probe insgesamt nicht verändert. So lässt sich der interessante Fall darstellen, dass eine periodische Modulation vorliegt, deren Vorzeichen sich mit jeder Halbperiode umkehrt und somit zur Gesamtladungsträgerdichte der Probe nicht beiträgt. Die Probe befindet sich also im Mittel am Neutralitätspunkt während lokal eine variable Modulation der Ladungsträgerdichte vorliegt. Hier ist es also nicht notwendig mit dem Backgate die entgegengesetzte Ladungsträgerdichte einzustellen, sondern es kann als zusätzlicher Parameter verwendet werden, um die Fermi-Energie der gesamten Probe global zu variieren. Aufgrund der kleinen Dimensionen der Modulation (≈ 40 nm) und der Variabilität, ist eine solche Probe sowohl als einfaches Modellsystem für "electron-hole puddles" (Abschnitt 3.2) geeignet[1], als auch zur Untersuchung der Transmissionseigenschaften von ballistischen Graphen pn-Übergängen. Dabei ist natürlich zu berücksichtigen,

---

[1] Im Gegensatz zur statistischen Verteilung realer pn-Pfützen, muss man hier allerdings die periodische Vereinfachung des Systems berücksichtigen sowie den eindimensionalen Charakter.

dass aufgrund der Dicke des SiO von 20 nm die Übergänge zwischen den p- und n-Bereichen etwas ausgeschmiert sind. Zudem kann es zu "cross talk" zwischen den Fingern kommen, da sie mit 15 nm eine Höhe haben, die mit der Dicke des SiO vergleichbar ist.

Für die in dieser Arbeit hergestellten Proben konnte eine sehr gute Einheitlichkeit des Topgates erzielt werden, so dass keine Asymmetrien im Verhalten der beiden getrennten Fingerstrukturen beobachtet werden konnten. Beide Strukturen induzieren also die gleiche mittlere Ladungsträgerdichte, so dass $n(A) = n(B)$ gut erfüllt ist. Dies wurde durch Messung der Feldeffektcharakteristik, während eines Backgate-Sweeps bei gleichzeitigem Topgate-Sweep mit A = -B überprüft, wobei der Neutralitätspunkt unverändert blieb.

9.2 Leitfähigkeit von Graphen pp/nn/pn-Arrays

Die im vorigen Abschnitt beschriebene Probengeometrie erlaubt die detaillierte Untersuchung des Transportverhaltens ballistischer Graphen pn-Übergänge. Einerseits sind die Dimensionen mit ca. 40-60 nm klein genug, um bei den in realen Proben (inkl. Topgate) erreichbaren Ladungsträgerbeweglichkeiten von etwa 3000-6000 cm^2/Vs ballistische Bedingungen zu haben, andererseits sind die Übergänge nicht zu scharf, da die Oxiddicke zu einer gewissen Ausschmierung der Modulation führt. Beides sind Voraussetzungen für die Anwendbarkeit bestehender Vorhersagen [12] und deren experimenteller Untersuchung, welche Gegenstand des dritten Abschnitts sind. Mit dem periodischen Topgate wird ein Array von Vielfachübergängen erzeugt, deren Einzelbeiträge sich aufsummieren. Es können sowohl homopolare Konfigurationen, bestehend aus vier Einzelbereichen, wie pp^+pp^- und nn^+nn^- eingestellt werden, als auch bipolare wie npnp und npnn. Entsprechend der zuvor beschriebenen Topgate-Geometrie bilden die vier Bereiche zusammen die Einheitszelle des Arrays. Die eigentliche Probe "sieht" eine Modulation, welche der Reihenschaltung vieler Einheitszellen entspricht. Mit den beiden Topgate-Ästen sowie dem Backgate lassen sich beliebige Zwischenwerte in den einzelnen Bereichen einstellen und jede Konfiguration realisieren. Im Folgenden wird der pnpn-Fall betrachtet, da er für das Verständnis von Graphen pn-Übergängen besonders instruktiv ist. Die Leitfähigkeit eines einzelnen Graphen pn-Übergangs ist sehr hoch, somit sind Messungen in Abhängigkeit der Ladungsträgerdichte schwierig, da die relative Änderung sehr klein ist. Das Array hat den Vorteil, dass sich die Widerstände der Einzelübergänge summieren und charakteristische Dichteabhängigkeiten leichter zu messen sind. Es wird also die spezielle Interdigitalgeometrie der Topgate-Elektrode mit der Bedingung A = -B, ausgenutzt, so dass die mittlere Ladungsträgerdichte der Probe nicht beeinflusst wird, wie im letzten Abschnitt beschrieben. Mit dem Backgate kann die Fermi-Energie in der festen pnpn-Konfiguration global verändert werden. Variiert man die Topgate-Spannungen gleichzeitig mit dem Backgate und misst die Leitfähigkeit G des Arrays, so erhält man eine 2D-Darstellung aller möglichen Zustände des pnpn-Arrays[2] im untersuchten Spannungs- bzw. Dichtebereich.

Bevor die eigentliche Messung gemacht wird, ist es notwendig die Eigenschaften des Arrays besser zu verstehen. Die Abbildung 9.2 veranschaulicht dazu die Funktion der verschiedenen Parameter n_{BG}, $n_{1,mod}$ und $n_{2,mod}$. Die Probe kann in vier Bereiche mit den Widerständen R_1 bis R_4 aufgeteilt

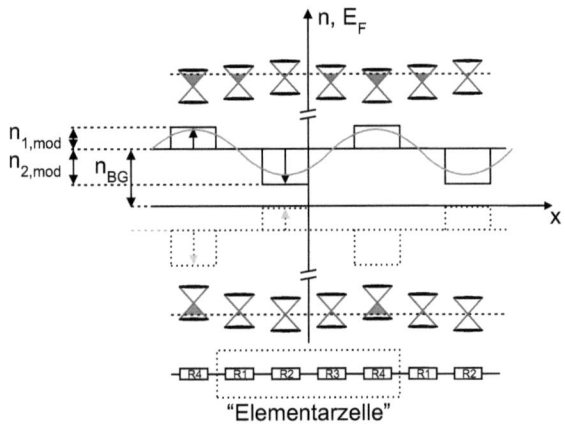

Abbildung 9.2: Schematische Darstellung des pnpn-Arrays. Die x-Achse bezeichnet die Raumkoordinate entlang der Probe in Stromrichtung. Die y-Achse ist die Fermi-Energie E_F bzw. die Ladungsträgerdichte n, welche mittels Backgate, n_{BG}, global und durch die unabhängigen Topgates, $n_{1,mod}$ und $n_{2,mod}$, lokal variiert werden können. Für jeden Bereich ist die Bandstruktur von Graphen mit der Lage der Fermi-Energie sowohl für Elektronenleitung (oben) als auch Lochleitung (unten) skizziert. Die Reihenschaltung von Widerständen (ganz unten) wird in diesem Abschnitt zur Ableitung eines einfachen Modells des Arrays verwendet.

werden, welche zusammen die "Elementarzelle" des pnpn-Arrays bilden. R_1 und R_3 entsprechen den Bereichen zwischen den Fingern, hängen nur von n_{BG} ab und sind daher aneinander gekoppelt, während R_2 und R_4 unabhängig voneinander variiert werden können. R_2 und R_4 werden dabei durch die Summe von n_{BG} und $n_{1,mod}$ bzw. $n_{2,mod}$ bestimmt. Für das Experiment ist vor allem die Dichteabhängigkeit des Widerstandes bzw. der Leitfähigkeit des pnpn-Arrays interessant. Diese wird vom Gesamtwiderstand R_{EZ} der "Elementarzelle" bestimmt. Die vier Widerstände R_1 bis R_4

---

[2] Die Bezeichnung pnpn-Array wird hier als Synonym für das Experiment bei fester Kopplung, A = -B, der Topgate-Äste verwendet. Je nach Lage des chemischen Potentials, welches vom Backgate bestimmt wird, können auch homopolare Konfigurationen bspw. pp$^+$pp$^-$ oder nn$^+$nn$^-$ auftreten, sowie sämtliche Zwischenzustände.

9.2 Leitfähigkeit von Graphen pp/nn/pn-Arrays

hängen wie folgt von den Ladungsträgerdichten n_{BG}, $n_{1,mod}$ und $n_{2,mod}$ ab:

$$R_1 = \frac{l}{w\,e\,\mu\,|n_{BG}|} \qquad R_2 = \frac{l}{w\,e\,\mu\,|n_{BG}+n_{2,mod}|} \qquad (9.1)$$

$$R_3 = \frac{l}{w\,e\,\mu\,|n_{BG}|} \qquad R_4 = \frac{l}{w\,e\,\mu\,|n_{BG}+n_{1,mod}|}. \qquad (9.2)$$

Daraus folgt für den Gesamtwiderstand R_{EZ}:

$$R_{EZ} = \sum_{i=1}^{4} R_i = \frac{l}{w\,e\,\mu}\left(\frac{2}{|n_{BG}|} + \frac{1}{|n_{BG}+n_{1,mod}|} + \frac{1}{|n_{BG}+n_{2,mod}|}\right). \qquad (9.3)$$

Die Gleichung 9.3 gilt allgemein für die unabhängige Kontaktierung der Zuleitungen A und B der Probe (s. Abbildung 9.1). Dabei wurden allerdings vereinfachende Annahmen gemacht: **(I)** Die Breiten jedes der vier Bereiche sind identisch. Die reale Probe hat prozessbedingt dagegen Topgates von 40 nm Breite mit Lücken von 60 nm (s. Abbildung 9.1). **(II)** Die Beweglichkeit μ ist unabhängig von der Ladungsträgerdichte n. Eigentlich müsste jedem Bereich eine eigene Beweglichkeit zugeordnet werden, welche von der jeweils herrschenden Dichte abhängt. **(III)** Die Widerstände der pn-Übergänge zwischen den Bereichen im bipolaren Fall werden vernachlässigt. Diese werden im letzten Abschnitt, anhand des Modells eines ballistischen Einzelübergangs, getrennt betrachtet. **(IV)** Die "minimal conductivity" wird im Modell als Konstante G_0 eingefügt, deren Absolutwert bspw. aus experimentellen Daten gewonnen wird. **(V)** Die Übergänge zwischen den Bereichen sind beliebig scharf. Eine sinusförmige Ausschmierung der Übergänge in realen Proben, wie in Abbildung 9.2 zusätzlich skizziert, wird nicht berücksichtigt. **(VI)** Es wird angenommen, dass keine intrinsische Dotierung vorhanden ist, d. h. wenn alle Gate-Spannungen geerdet sind, befindet sich die Probe am Dirac-Punkt bzw. am Leitfähigkeitsminimum. Unter Berücksichtigung dieser Vereinfachungen wird nun der Spezialfall A = -B bzw. $n_{1,mod} = -n_{2,mod} = n_{mod}$ betrachtet, welcher im Experiment verwendet wird. Für die Leitfähigkeit der Elementarzelle folgt dann nach Gleichung 9.3:

$$G_{EZ} = \frac{w\,e\,\mu}{l}\left(\frac{2}{|n_{BG}|} + \frac{1}{|n_{BG}+n_{mod}|} + \frac{1}{|n_{BG}-n_{mod}|}\right)^{-1} + G_0. \qquad (9.4)$$

Gleichung 9.4 ist gültig als Modell für ein ideales Array mit scharfen Übergängen zwischen den Bereichen, so wie in Abbildung 9.2 durch die Stufenfunktion skizziert. Diese Betrachtung erleichtert die Aufstellung eines Modells, wobei die Modulation durch $n_{1,mod}$ und $n_{2,mod}$ in einer realen Probe eher sinusförmig ist (vgl. Abbildung 9.2) und keine scharfe Stufenfunktion darstellt. Das bedeutet, die Bereiche zwischen den Fingern werden durch auslaufende Flanken teilweise überdeckt. Die Auftragung der Leitfähigkeit G nach Gleichung 9.4 ist in Abbildung 9.3 für verschiedene Fälle (A-D) dargestellt. Diese idealisierten Fälle werden im Folgenden kurz abgeleitet und später mit dem Experiment verglichen: **(A)** Für eine verschwindende Modulationsamplitude, $n_{mod} = 0$, folgt eine lineare

9 Graphen pn-Arrays

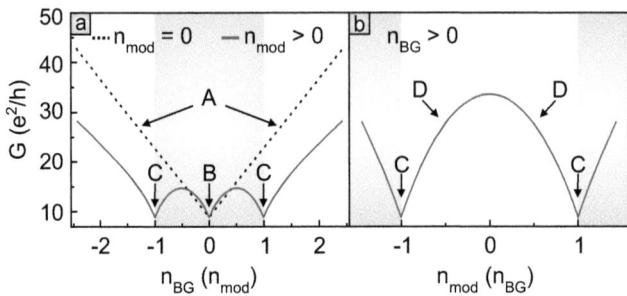

Abbildung 9.3: Darstellung der Leitfähigkeit G nach Gleichung 9.4: (a) Plot in Abhängigkeit von n_{BG} für eine verschwindende Modulation $n_{mod} = 0$ (schwarze Kurve, A) und für $n_{mod} \gg 0$ (rote Kurve). Charakteristische lokale Minima (Punkte C) treten auf, wenn die backgate-induzierte Dichte n_{BG} die Modulationsamplitude n_{mod} kompensiert. Die Bereiche unter den Fingern befinden sich dann am Dirac-Punkt. Punkt B bezeichnet die Lage des Dirac-Punktes im normalen Feldeffekt, dessen Leitwert unabhängig von der Modulation ist. (b) Leitfähigkeit in Abhängigkeit von n_{mod}, für eine endliche backgate-induzierte Dichte $n_{BG} \gg 0$. Gut zu erkennen ist die $-n^2$-Abhängigkeit (D), sowie die Minima (C) im Falle der Kompensation von n_{mod} und n_{BG}. Die Minima an den Punkten C, in beiden Abbildungen a und b, markieren die Grenze zwischen dem homopolaren Regime und dem bipolaren pn-Regime (grau schattiert). Das Verhalten der Leitfähigkeit an diesen Punkten ist Gegenstand des nächsten Abschnitts.

Abhängigkeit der Leitfähigkeit

$$G_{EZ} = \frac{w\,e\,\mu\,|n_{BG}|}{4\,l}, \qquad (9.5)$$

welche der Feldeffektcharakteristik von Graphen (s. Abschnitt 3.3, Gleichung 3.7) im Falle der Reihenschaltung von vier identischen Proben entspricht. **(B)** Bei verschwindender globaler Ladungsträgerdichte, $n_{BG} \to 0$, gilt $G_{EZ} \to G_0$ unabhängig von der Größe der Modulationsamplitude n_{mod}. **(C)** Wenn die Modulationsamplitude das Niveau des Backgates in mindestens einem Bereich kompensiert, also $n_{mod} = n_{BG}$ gilt, wird die Leitfähigkeit von diesem Bereich mit minimaler Leitfähigkeit dominiert und es gilt: $G_{EZ} \to G_0$. **(D)** Für den Fall, $0 < n_{mod} < n_{BG}$, wobei n_{BG} konstant gehalten wird, können die Beträge in Gleichung 9.4 aufgelöst werden und ein negativer quadratischer Term tritt auf:

$$G_{EZ} = \frac{w\,e\,\mu}{l}\left(\frac{2}{n_{BG}} + \frac{2n_{BG}}{n_{BG}^2 - n_{mod}^2}\right)^{-1}. \qquad (9.6)$$

In diesem Regime müsste die Leitfähigkeit also quadratisch mit der Modulationsamplitude sinken, bis Fall C erreicht ist und $n_{mod} = n_{BG}$ gilt.

Diese Fälle beschreiben, mit Ausnahme von (B), die Zustände des pnpn-Arrays im homopolaren Regime, da stets $|n_{mod}| \leq |n_{BG}|$ gilt. D. h. die globale Ladungsträgerdichte bzw. die Fermi-Energie liegt betragsmäßig immer oberhalb des Modulationslevels, so dass keine pn-Situation auftritt sondern eine periodische Abfolge von Bereichen mit höherer und niedrigerer Dichte des jeweiligen Ladungsträger-

9.2 Leitfähigkeit von Graphen pp/nn/pn-Arrays

typs (also z.B. pp$^+$pp$^-$ oder nn$^+$nn$^-$). Der eigentliche pnp- bzw. npn-Fall liegt bei der roten Kurve in Abbildung 9.3a jeweils im grau schattierten Bereich zwischen B und C vor. In Abbildung 9.3b wird das pnp- bzw. npn-Regime entsprechend rechts und links der Punkte C für $|n_{mod}| \geq |n_{BG}|$ erreicht (grau schattiert). Für eine quantitativ exakte Beschreibung der Leitfähigkeit im pnp- bzw. npn-Regime müssen die speziellen Tunneleigenschaften von Dirac-Fermionen an Potentialbarrieren ([10] und Abschnitt 1.6.1) berücksichtigt werden. Dies wird im nächsten Abschnitt an einem einzelnen pn-Übergang nach einem Modell von Cheianov et al. [12] genauer untersucht. Die Abweichung zwischen Experiment und Modell bei Vernachlässigung des Einflusses der pn-Übergänge wird deutlich, wenn man den Verlauf der Leitfähigkeit im bipolaren Regime anhand experimenteller Daten genauer betrachtet. Dazu wird die Leitfähigkeit G des pnpn-Arrays über den gesamten verfügbaren 2D-Parameterraum ($n_{mod} = n_{1,mod} = -n_{2,mod}$ sowie n_{BG}) ohne Magnetfeld bei 1,2 K gemessen. Das Ergebnis ist in Abbildung 9.4 dargestellt. Die dunkle "Sanduhr" entspricht dem pn-Bereich mit

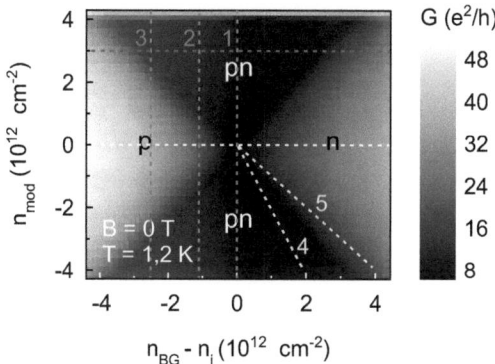

Abbildung 9.4: Leitfähigkeit G für ein pnpn-Array in Abhängigkeit von Topgate-Modulation n_{mod} und der Ladungsträgerdichte $n_{BG} - n_i$. Die intrinsische Dotierung n_i wurde hier berücksichtigt, um die Darstellung zu vereinfachen. Die beiden horizontalen Schnitte (weiß bzw. rot gestrichelt) sind in Abbildung 9.5 abgebildet. Die vertikalen Schnitte 1 bis 3 (blau gestrichelt) gehören zu den Kurven in Abbildung 9.6. Die gelb gestrichelte Linie Nr. 4 markiert die Leitfähigkeit im symmetrischen npn-Fall, welcher im nächsten Abschnitt ausführlicher behandelt wird. Die Linie Nr. 5 verläuft entlang der Leitfähigkeit am Grenzbereich vom homopolaren Regime ins bipolare pn-Regime.

von links und rechts hineinragenden p- bzw. n-Gebieten. In der von links nach rechts abnehmenden Helligkeit des Plots spiegelt sich nichts anderes wieder, als die Asymmetrie zwischen Elektronen und Löchern realer Graphenproben, welche in Kapitel 5 besprochen wurde. Der horizontale Schnitt bei $n_{mod} = 0$ (weiß gestrichelt) entspricht einer Messung der herkömmlichen Feldeffektcharakteristik und repräsentiert den ersten (Fall A) der oben angeführten Grenzfälle des Modells. Die Kurve ist in Abbildung 9.5 zusammen mit dem Schnitt bei einer Modulationsamplitude von $3 \cdot 10^{12}$ cm^{-2} (rote gestrichelte Kurve in Abbildung 9.4) dargestellt. Die Feldeffektcharakteristik ohne Modulation

9 Graphen pn-Arrays

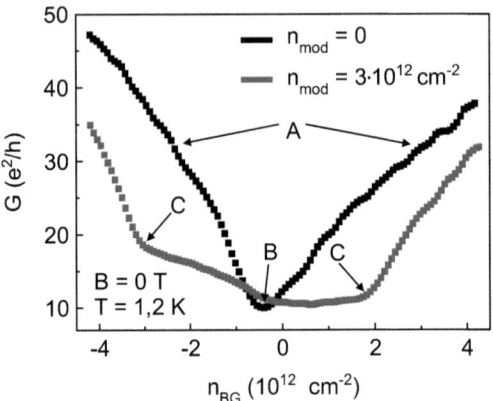

Abbildung 9.5: Experimentell gemessene Leitfähigkeit eines Graphen pnpn-Arrays mit (rote Kurve) und ohne Modulation durch das Topgate (schwarze Kurve). Die Messung wurde bei 1,2 K ohne Magnetfeld durchgeführt. Aus der Feldeffektkurve ohne Modulation ergeben sich Beweglichkeiten von 3000 cm^2/Vs für Elektronen und 5000 cm^2/Vs für Löcher. Die Buchstaben A bis C bezeichnen charakteristische Kurvenabschnitte, in denen sich die oben geschilderten Grenzfälle A, B, C des Modells wiederfinden.

(schwarze Kurve), wird vom Modell korrekt abgebildet. Entsprechend Fall A in Abbildung 9.3a ist der Verlauf linear, wenn keine Modulation anliegt bzw. die Modulationsamplitude kleiner ist als n_{BG}. Das Leitfähigkeitsminimum liegt bei ca. $8\,e^2/h$. Sowohl die schwarze als auch die rote Kurve sind leicht nach links verschoben, da eine intrinsische n-Dotierung[3] vorliegt. Zudem ist eine Asymmetrie erkennbar, welche ebenfalls mit Dotierung zusammenhängt und in Abschnitt 5.3 bereits untersucht wurde. Bei höheren Ladungsträgerdichten treten nichtlineare Anteile in der schwarzen Kurve auf, die in der Literatur auf kurzreichweitige Störstellen zurückgeführt werden [107] und nicht im Modell enthalten sind. Die rote Kurve hat auf beiden Seiten einen Knick, welcher links bei ca. $-3 \cdot 10^{12}$ cm^{-2} und rechts bei ca. $+2 \cdot 10^{12}$ cm^{-2} liegt. Zieht man die Verschiebung der Kurve, aufgrund von intrinsischer Dotierung ab ($n_i \approx 0{,}4 \cdot 10^{12}$ cm^{-2}), so liegen die Knicke bei $-2{,}6 \cdot 10^{12}$ cm^{-2} bzw. $2{,}4 \cdot 10^{12}$ cm^{-2} und somit ungefähr symmetrisch um den Nullpunkt. Es ist daher nahe liegend, hier den Fall C des zuvor diskutierten Modells anzunehmen, der ein Leitfähigkeitsminimum für $n_{mod} = n_{BG}$ (ohne Dotierung) vorhersagt. Bei höheren Ladungsträgerdichten über die Punkte C hinaus, verläuft die Leitfähigkeit annähernd parallel zur schwarzen Kurve ohne Modulation. Das wird im Modell sehr gut abgebildet, wie beim Vergleich mit Abbildung 9.3a zu erkennen ist und man kann annehmen, dass das Modell in dem betrachteten Dichtebereich (jeweils oberhalb der Punkte C), welcher im homopolaren Re-

---

[3] Die sehr schwache n-Dotierung tritt nur bei Proben mit Topgate auf, während alle anderen Proben stets eine intrinsische p-Dotierung aufweisen. Dies ist vermutlich auf die Vakuumbehandlung während des SiO-Aufdampfens (15 h, $\approx 10^{-6}$ mbar) zurückzuführen. Scheinbar dampfen p-dotierende Adsorbate bevorzugt ab und das Gate-Oxid verhindert eine erneute p-Dotierung während der weiteren Prozessierung.

9.2 Leitfähigkeit von Graphen pp/nn/pn-Arrays

gime liegt, das Experiment gut beschreibt. Eine kleine Abweichung im Experiment muss allerdings noch erklärt werden, denn die effektiv induzierte Modulationsamplitude ist offensichtlich etwa 17% kleiner, als aus der Umrechnung von Topgate-Spannung U_{TG} in Ladungsträgerdichte n_{mod} ermittelt wurde. So folgt aus der Lage der Knicke, dass die eingestellte Modulationsamplitude von $3 \cdot 10^{12}$ cm^{-2} bereits bei Backgate-Dichten von -2,6$\cdot 10^{12}$ cm^{-2} bzw. 2,4$\cdot 10^{12}$ cm^{-2} kompensiert wird, während die Beträge von Backgate- und Topgate-Dichte im Modell identisch sein müssen. Der Grund für die Abweichung liegt darin, dass die aufgetragene Ladungsträgerdichte n_{mod} unter den Topgate-Fingern nicht direkt bestimmt werden kann sondern aus der Kalibration mit einer Referenzmessung ermittelt werden muss. Die Bestimmung des Umrechnungsfaktors zwischen U_{BG} und n_{BG} wurde bereits in Kapitel 3, Abschnitt 3.1 beschrieben und geht auf die Kondensatorgeometrie (vgl. Abschnitt 2.3.2, Abbildung 2.12c) der Probe zurück. Mittels SdH-Messungen (s. Abschnitt 7.2, Formel 7.6) kann der Wert exakt kalibriert werden. Ganz ähnlich wird für n_{mod} vorgegangen, welches die lokale induzierte Ladungsträgerdichte unter einem einzelnen Topgate-Finger bezeichnet. Der Umrechnungsfaktor zwischen angelegter Topgate-Spannung U_{TG} und induzierter Ladungsträgerdichte n_{mod} wird aus der Feldeffektmessung an einem GFET mit großflächigem Topgate ($\approx 10 \mu$m^2), bestehend aus 20 nm SiO mit 15 nm AuPd-Gate-Elektrode, ermittelt. Der Neutralitätspunkt wird in einem Backgate-Sweep bestimmt und mit der Lage (in Einheiten der Gate-Spannung) im Topgate-Sweep verglichen. Das Verhältnis von Backgate- zu Topgate-Spannung ergibt den Umrechnungsfaktor zwischen n_{BG} und n_{mod}. Auch hier wird das Ergebnis nochmals mit den Werten aus SdH-Messungen abgeglichen. Scheinbar besitzt das hier verwendete Interdigital-Topgate eine um etwa 17% schwächere Kopplung als das großflächige Topgate der Referenzmessung und führt daher zu der beobachteten Abweichung. Unter Berücksichtigung der intrinsischen Dotierung n_i folgt somit für die Positionen der Leitfähigkeitsminima (Knicke) in der roten Kurve, der lineare Zusammenhang $n_{mod} = -(n_{BG} - n_i)$. Die spezielle Kopplung der Topgates ($n_{1,mod} = -n_{2,mod} = n_{mod}$) bewirkt dabei, dass immer ein Bereich genau das dem Backgate entgegengesetzte Vorzeichen in der Ladungsträgerdichte aufweist. Dies ist unabhängig vom Vorzeichen der Topgate- und Backgate-Spannungen und führt zu je einer Diagonalen in jedem Quadranten des 2D-Plots in Abbildung 9.4, welche die homopolaren p- und n-Gebiete vom pn-Bereich abgrenzen. Auf diesen Begrenzungen gilt die beschriebene Kompensation der topgate-induzierten Ladungsträgerdichte durch das Backgate. Bis hierher stimmt das Modell gut mit den experimentellen Beobachtungen überein. Betrachtet man allerdings das Dichteintervall zwischen den Punkten C, welches im bipolaren pn-Regime liegt, so ist ein deutliche Abweichung zwischen Modell und Messung erkennbar. Die Leitfähigkeit im Experiment verläuft sehr flach und bleibt über einen weiten Dichtebereich nahezu konstant (s. Abbildung 9.5, rote Kurve), während im Modell ein Anstieg zwischen 0 und Punkt C mit Durchlaufen eines lokalen Maximums auftritt (s. Abbildung 9.3a, rote Kurve). Im bipolaren Regime wird die Leitfähigkeit vermutlich von den pn-Übergängen bestimmt und ändert sich daher nur schwach mit der induzierten Ladungsträgerdichte. Erst wenn Punkt C überschritten wird und sich die Probe wieder im homopolaren Regime ohne pn-

9 Graphen pn-Arrays

Übergänge befindet, beschreibt das Modell die Messungen korrekt. Die gleiche Beobachtung kann man auch für den umgekehrten Fall einer variablen Modulationsamplitude bei fester Backgate-Dichte machen. Dazu werden die vertikalen Schnitte 1 bis 3 (blau gestrichelt in Abbildung 9.4) betrachtet. Es ergeben sich die folgenden Messkurven in Abbildung 9.6. Die Schnitte 1 bis 3 liegen bei

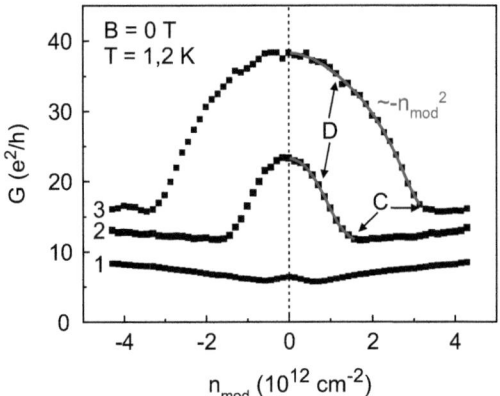

Abbildung 9.6: Messung der Leitfähigkeit G eines pnpn-Arrays bei drei verschiedenen Backgate-Spannungen in Abhängigkeit der Modulationsamplitude n_{mod}. Die Kurven gehören zu den vertikalen Schnitten Nr. 1 bis 3 (blau gestrichelt) aus Abbildung 9.4. Fittings nach Grenzfall D von Gleichung 9.5 sind in rot eingezeichnet. C und D markieren Kurvenabschnitte, welche zu den entsprechenden Fällen im Modell passen.

$n_{BG} - n_i = 0$ (1), $1{,}1 \cdot 10^{12}\,\text{cm}^{-2}$ (2) und $2{,}5 \cdot 10^{12}\,\text{cm}^{-2}$ (3), wobei die intrinsische Dotierung der Probe berücksichtigt wurde, um den Vergleich mit dem Experiment zu erleichtern. Nach dem oben geschilderten Zusammenhang $n_{mod} = -(n_{BG} - n_i)$, liegen charakteristische Knicke in den Kurven bei $\pm 1{,}3 \cdot 10^{12}\,\text{cm}^{-2}$ für Kurve Nr. 2 und bei $\pm 3 \cdot 10^{12}\,\text{cm}^{-2}$ für Kurve 3. Für die Übereinstimmung zwischen Experiment und Simulation muss hier ebenfalls die um 17% schwächere Kopplung des Topgates berücksichtigt werden.

Bei hohen Modulationsamplituden (oberhalb der charakteristischen Minima, Punkte "C") nimmt die Leitfähigkeit im Experiment nur wenig zu, während das Modell eine steil zunehmende Leitfähigkeit für hohe Dichten vorhersagt (vgl. Abbildung 9.3b, schattierter Bereich). Dies ist ebenfalls darauf zurückzuführen, dass die pn-Übergänge, welche sich beim Überschreiten der Punkte "C" bilden, die Leitfähigkeit unterdrücken. Bei dieser Art der Auftragung befindet sich die Probe zwischen den Punkten C im homopolaren Regime, und das Modell ist wieder gültig. Die Kurvenverläufe in 2 und 3, zwischen den Knicken, fallen quadratisch mit der Modulationsamplitude ab, wie im Fall D des Modells vorhergesagt (rote Fittings). In Kurve 1 sind in der Nähe von Null kleine Dellen zu sehen, die vermutlich auf die Kompensation von lokaler Dotierung unter den Topgate-Fingern zurückzuführen sind. Das in diesem Abschnitt beschriebene einfache Modell des pnpn-Arrays kann die experimentellen Beobachtungen im homopolaren Fall gut abbilden. Alle wesentlichen Merkmale der Messung können mit einer einfachen Reihenschaltung von verschiedenen Probenbereichen nachgestellt werden, deren Leitfähigkeit von der jeweiligen Ladungsträgerdichte abhängt. Sobald allerdings eine Messung im bipolaren Regime betrachtet wird, stimmt das Modell nicht mehr mit den Beobachtungen überein. Der Grund liegt in der Vernachlässigung des Einflusses von pn-Übergängen im Modell, wodurch zu hohe bzw. zu stark zunehmende Leitfähigkeiten vorhergesagt werden als sie tatsächlich gemessen werden. Offensichtlich wird die Gesamtleitfähigkeit des pnpn-Arrays stark unterdrückt, sobald pn-Übergänge auftreten und die Änderung der Leitfähigkeit mit der Ladungsträgerdichte ist nur noch sehr schwach. Die besonderen Eigenschaften von Graphen-pn-Übergängen werden im nächsten und letzten Abschnitt diskutiert und mit experimentellen Daten verglichen.

9.3 Transmission von Dirac-Fermionen durch ein pnp/npn-Array

In diesem Abschnitt wird der Transport für einen interessanten Spezialfall des zuvor diskutierten Arrays untersucht. Die Messungen beziehen sich auf die gelben Linien in Abbildung 9.4 und entsprechen der Leitfähigkeit im symmetrischen pnp/npn-Regime, mit $|n_{mod}| = 2|n_{BG} - n_i|$ (Linie Nr. 4) bzw. an den zuvor diskutierten Minima mit $|n_{mod}| = |n_{BG} - n_i|$ (Linie Nr. 5).

Da die Modulationsamplitude im ersten Fall immer doppelt so groß ist wie das Backgate-Niveau, entstehen pnp/npn-Übergänge mit betragsmäßig gleichen Dichten in den n- und p-Gebieten. Auf diesen Fall kann ein theoretisches Modell aus der Literatur [12] angewendet werden, das die Transmission von Dirac-Fermionen an ballistischen pn/np- bzw. pnp/npn-Übergängen beschreibt und charakteristische Abhängigkeiten der Leitfähigkeit vorhersagt. Auch die Leitfähigkeit der Übergänge für $|n_{mod}| = |n_{BG} - n_i|$ (Linie Nr. 5) folgt dem Zusammenhang, welcher im Folgenden abgeleitet wird.

Für das Modell wird zunächst eine einzelne np-Potentialstufe betrachtet, welche eine endliche Breite d hat. Im Abschnitt 1.6.1 wurde das Verhalten von Dirac-Fermionen an einer scharfen Stufe ($d = 0$) bereits qualitativ erläutert. In der hier folgenden Argumentation, soll am Ende die Leitfähigkeit eines Graphen np- bzw. pnp-Übergangs abgeleitet werden. d sollte dabei größer sein, als die Fermi-Wellenlänge der betrachteten Ladungsträger, also $|\vec{k}_F|d > 1$. Die Bandstruktur von Graphen an einer solchen Potentialstufe ist in Abbildung 9.7 für ein Valley dargestellt. Aufgrund der Bedingung $|\vec{k}_F|d > 1$ bezeichnet man den Übergang als "weichen" Übergang. Experimentell ist die Bedingung gut erfüllt, da die Ladungsträgerdichten im n- bzw. p-Gebiet bei $|n| \approx 10^{12}\,\text{cm}^{-2}$ ($k_F \approx 1{,}8\cdot 10^6\,\text{cm}^{-1}$) liegen und d, bspw. durch den Abstand zweier Topgate-Elektroden (orange in der Abbildung) bestimmt

9 Graphen pn-Arrays

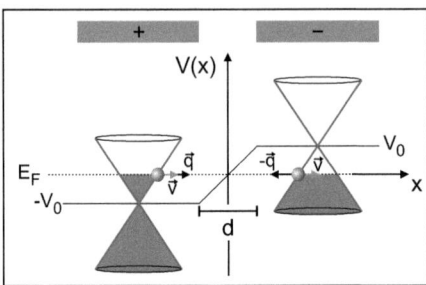

Abbildung 9.7: Schematische Darstellung eines "weichen" np-Übergangs in Graphen, anhand der Bandstruktur auf beiden Seiten einer Potentialstufe der Breite d und Höhe $2V_0$, welche von Topgate-Elektroden (orange) erzeugt wird. Das Teilchen mit der Energie E_F tritt durch die Barriere, indem es von einem elektronenartigen ($\vec{q}$ parallel zu $\vec{v}$) in einen lochartigen Zustand ($\vec{q}$ antiparallel zu $\vec{v}$) übergeht. E_F wird als Referenz gleich Null gesetzt.

wird, welche zur Erzeugung des np-Übergangs verwendet werden. d liegt daher üblicherweise im Bereich von mehreren 10 nm.

Wie in Abbildung 9.7 zu erkennen, wird für den Potentialverlauf $V(x)$ zwischen dem n- und p-Gebiet ein linearer Verlauf angenommen. Für das Potential in x-Richtung gilt daher

$$V(x) = \frac{\hbar \vec{v} \vec{k}_F x}{d}. \tag{9.7}$$

Dabei ist x die Transportrichtung senkrecht zum np-Übergang und d der Abstand der Topgate-Elektroden. Dieser Zusammenhang folgt direkt aus der Dispersionsrelation von Graphen (s. Gleichung 1.4 in Abschnitt 1.5) und enthält als zusätzlichen Parameter lediglich die Schärfe $\frac{1}{d}$ des Übergangs. Die Linearisierung ist zulässig unter der Annahme des oben beschriebenen "weichen" Übergangs (für einen scharfen stufenartigen Übergang wäre $d = 0$).

Dieser Ansatz wird aus der Abbildung 9.7 sofort plausibel, da das Potential nichts anderes darstellt, als die Änderung der relativen Lage der Bandstruktur mit dem Ort (x-Koordinate). Ein Elektron, welches im n-Bereich die Energie $E_n = E_F + V_0 = E_F > 0$ und den Impuls $+\vec{q}$ besitzt, hat im p-Bereich die Energie $E_p = E_F - V_0 < 0$ sowie den Impuls $-\vec{q}$. Die Teilchenenergien E_n, E_p und der Impuls $\vec{q}$ werden dabei relativ zur Bandstruktur betrachtet. D. h. der Nullpunkt ist der jeweilige Dirac-Punkt. Die Fermi-Energie wird vom Nullpunkt des Potentials ($V(0) = 0$) gerechnet. Die Energie-Impuls-Beziehungen sind wesentlich, um das Tunnelverhalten an Graphen pn-Übergängen zu verstehen.

Trifft ein massives Teilchen mit der Geschwindigkeit $\vec{v}$ senkrecht auf ein Potential der oben beschriebenen Form, so würde seine kinetische Energie in potentielle Energie übergehen und seine

9.3 Transmission von Dirac-Fermionen durch ein pnp/npn-Array

Geschwindigkeit an einem gewissen Punkt verschwinden. Dieser Punkt wäre ein Umkehrpunkt ähnlich dem einer Kugel auf einer schiefen Ebene. Das Teilchen würde im Potential wieder kinetische Energie gewinnen und mit $-\vec{v}$ zurückfliegen. Diese Argumentation gilt, wenn die Geschwindigkeit des Teilchens energieabhängig ist, wie es neben klassischen Teilchen z.b. für Ladungsträger in Materialien mit parabolischer Dispersion der Fall ist. Ein masseloses Dirac-Fermion in Graphen hat dagegen, ähnlich wie Photonen, eine konstante, energieunabhängige Geschwindigkeit $|\vec{v}| \approx c/300$ (vgl. Abschnitt 1.6.2), welche durch die Bandstruktur gegeben ist. Unabhängig von der Lage der Fermi-Energie wird die Fermi-Geschwindigkeit durch die lineare Steigung der Dispersion bestimmt. D. h. Rückstreuung an einer Potentialbarriere ist unmöglich, da die Geschwindigkeit des Dirac-Fermions nicht Null werden kann und somit kein Umkehrpunkt existiert[4].

Das "lichtähnliche" Verhalten der Dirac-Fermionen kann sehr anschaulich aus der relativistischen Energie-Impuls-Beziehung hergeleitet werden. Diese lautet allgemein:

$$E^2 = m^2 c^4 + q^2 c^2. \tag{9.8}$$

Aufgrund der Symmetrie des Graphengitters sind Dirac-Fermionen effektiv masselos wie Photonen. Ihre Geschwindigkeit ist dabei aber kleiner als die Lichtgeschwindigkeit, da es sich trotz aller Analogien zur Quantenelektrodynamik, immer noch um Elektronen handelt. Es wird also $m = 0$ und $c = |\vec{v}|$ gesetzt, so dass Gleichung 9.8 zu

$$E^2 = q^2 v^2 \tag{9.9}$$

wird.

Angewendet auf die in Abbildung 9.7 dargestellte Potentialstufe und die zugehörigen Energien des betrachteten Elektrons im n- bzw. p-Bereich, ergibt sich der Zusammenhang zwischen Impuls und Geschwindigkeit, welcher die Transmission des Elektrons durch die Potentialstufe erklärt. Die Geschwindigkeit ist gegeben durch

$$\vec{v} = \frac{\partial E}{\partial \vec{q}} = \frac{v^2 \vec{q}}{E}. \tag{9.10}$$

Im n-Bereich, links von der Stufe gilt für die Energie des Elektrons $E_n = E_F + V_0 > 0$. Aus Gleichung 9.10 folgt damit sofort, dass der Impuls $\vec{q}$ positiv sein muss und parallel zum Geschwindigkeitsvektor orientiert ist. Im p-Bereich gilt für die Energie entsprechend $E_p = E_F - V_0 < 0$ und damit folgt, dass $\vec{q}$ negativ und somit antiparallel zur $\vec{v}$ verläuft. Zustände mit parallelem Impuls und Geschwindigkeit, heißen "teilchenartig", jene mit antiparalleler Orientierung "antiteilchenartig". Im

---
[4] Das gilt allerdings nur für "weiche" bzw. im Realraum langreichweitige Potentiale, welche im reziproken Raum auf ein Valley begrenzt sind. Kurzreichweitige Potentiale, wie sie bspw. von kurzreichweitigen Störstellen verursacht werden, führen zur Vermischung der Valleys und Rückstreuung tritt auf. Letzteres wurde im Kapitel 6 über künstliche Defekte ausführlich diskutiert.

Festkörper sind das somit Elektronen- bzw. Lochzustände.

Das bedeutet, das Teilchen kann seinen Impuls umkehren und dennoch seine Geschwindigkeit in x-Richtung beibehalten, wie für Dirac-Fermionen erforderlich. Die Betrachtung gilt aber streng nur für senkrechten Einfall bzw. verschwindende Transversalkomponente q_y des Impulses. Nur dann tritt vollständige Transmission auf. Allgemein hängt die Transmissionswahrscheinlichkeit $P(\theta)$ durch die Barriere vom Einfallswinkel θ des Teilchens ab. Zur Illustration ist die Geometrie in der Aufsicht auf einen np-Übergang in Abbildung 9.8a gezeigt. Betrachtet man ein Elektron im Leitungsband

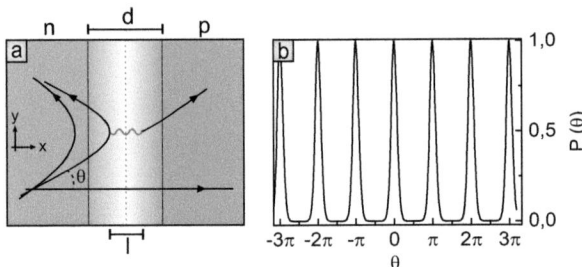

Abbildung 9.8: (a) Aufsicht auf einen Einzelübergang mit Darstellung des winkelabhängigen Tunnelns. θ bezeichnet den Einfallswinkel, d die Breite des pn-Übergangsbereichs und l (weiß schattiert) ist der klassisch "verbotene" Übergangsbereich von n nach p, welcher das Verhalten dominiert. (b) Transmissionswahrscheinlichkeit $P(\theta)$ berechnet nach Gleichung 9.18.

(vgl. Abbildung 9.7), welches von links in einem Winkel θ auf die Barriere trifft, so gilt für die Impulskomponente in x-Richtung

$$q_x = |\vec{k}_F| \cos\theta. \tag{9.11}$$

Nach der Reflexion an der Barriere gilt $\tilde{q}_x = -q_x$, wobei die y-Komponente

$$q_y = |\vec{k}_F| \sin\theta \tag{9.12}$$

erhalten bleibt. Der Fermi-Wellenvektor $\vec{k}_F$ wird dabei durch die Ladungsträgerdichte im entsprechenden Gebiet und damit durch die Topgate-Spannung festgelegt. Die Reflexion ist in der Abbildung durch die Parabeln für verschiedene Winkel skizziert. Der oben diskutierte Idealfall vollständiger Transmission für senkrechten Einfall ($q_y = 0$) ist im unteren Teil abgebildet. Die Energie des Elektrons nach Gleichung 9.9 ist in Komponentenschreibweise

$$E = \hbar |\vec{v}| \sqrt{q_x^2 + q_y^2}. \tag{9.13}$$

9.3 Transmission von Dirac-Fermionen durch ein pnp/npn-Array

Die x-Komponente des Impulses ist somit

$$q_x(x) = \sqrt{\frac{(E_F - V(x))^2}{\hbar^2 v^2} - q_y^2}. \tag{9.14}$$

Aus dieser Gleichung wird klar, dass für $q_y = 0$ die oben beschriebene Energie-Impuls-Beziehung für die x-Komponente gilt und das Teilchen vollständig transmittiert wird. Für $q_y \neq 0$ muss jedoch eine weitere Bedingung erfüllt sein, da sonst ein klassisch verbotener Bereich auftritt. Dieser Bereich mit der Breite l ist in Abbildung 9.8a weiß schattiert dargestellt. Der erlaubte Bereich entspricht den Lösungen von Gleichung 9.14 für positive Werte unter der Wurzel, also

$$|E_F - V(x)| > \hbar|\vec{v}|q_y. \tag{9.15}$$

Genau in der Mitte des np-Übergangs liegt somit der verbotene Bereich, welcher mit zunehmender Transversalkomponente q_y wächst und dessen Breite durch

$$l = \frac{q_y d}{|\vec{k}_F|} \tag{9.16}$$

gegeben ist. Man kann sich nun vorstellen, dass für kleine q_y eine gewisse Wahrscheinlichkeit existiert, dass das Teilchen durch den verbotenen Bereich tunnelt und die Transmissionswahrscheinlichkeit $P(\theta)$ eine exponentielle Abhängigkeit $P(\theta) \sim e^J$ besitzt. Durch Integration der Longitudinalkomponente iq_x über den verbotenen Bereich[5] ergibt sich der Transmissionskoeffizient J zu

$$J = i \int_{-l/2}^{l/2} q_x(x) dx = -\frac{\pi q_y^2 d}{|\vec{k}_F|} \tag{9.17}$$

und insgesamt lautet die Winkelabhängigkeit der Transmission

$$P(\theta) = e^{-\pi |\vec{k}_F| d \sin^2 \theta}. \tag{9.18}$$

Dieser Effekt wird auch als Interband-Tunneln bzw. Klein-Tunneln bezeichnet [10, 160–163] und hängt, neben dem Winkel θ, von der zu Beginn dieses Abschnitts genannten Schärfe des Übergangs $|\vec{k}_F|d$ ab. Für den Fall eines massiven relativistischen Elektrons, wurde der Effekt von Sauter [164] bereits 1931 berechnet. Cheianov und Falko [12] leiten die Transmissionswahrscheinlichkeit für masselose Dirac-Fermionen aus einem Transfer-Matrix-Formalismus her, auf dessen Darstellung hier verzichtet wurde. $P(\theta)$ ist in Abbildung 9.8b geplottet. Wichtig ist anzumerken, dass für ein scharfe Barriere ($d = 0$) die Gleichung 9.18 nicht anwendbar ist, da die Eingangsbedingung, $|\vec{k}_F|d > 1$,

---
[5] q_x wird mit der imaginären Einheit i multipliziert, da Gleichung 9.14 im verbotenen Bereich keine reelle Lösung hat.

nicht erfüllt ist. In diesem Fall wäre die Transmissionswahrscheinlichkeit proportional $\cos^2\theta$ (s. z.B. [10]).

Aus Gleichung 9.18 kann für kleine Winkel, rund um Vielfache von π, an denen maximale Transmission vorliegt, die Abhängigkeit der Leitfähigkeit G des "weichen" np-Übergangs von der Ladungsträgerdichte n durch Integration von $P(\theta)$ berechnet werden [12]:

$$G(n) = \frac{2e^2 k_F}{\pi h} \int P(\theta) d\theta \approx \frac{2e^2}{\pi h} \sqrt{\frac{k_F}{d}} \sim \sqrt[4]{n}. \quad (9.19)$$

Dieses Ergebnis kann auf Mehrfachübergänge (z.B. npn) übertragen werden, wenn auf der Breite des Übergangs ballistische Bedingungen herrschen. Trifft das Elektron unter dem Winkel θ auf die erste Barriere (n→p), so gilt Gleichung 9.18 für seine Transmissionswahrscheinlichkeit $P(\theta)$. Wird es transmittiert, so setzt es seine Bewegung fort und trifft unter dem gleichen Winkel auf die zweite Barriere (p→n). Hier gilt wieder Gleichung 9.18, da das Problem symmetrisch bezüglich der Bewegungsrichtung ist. Die Gesamtwahrscheinlichkeit ergibt sich dann einfach aus der Multiplikation der Einzelwahrscheinlichkeiten für jeden Übergang, wobei die charakteristische Dichteabhängigkeit (Gleichung 9.19) davon unbeeinflusst bleibt und sich nur der Absolutwert ändert.

Das obige Ergebnis wird im Folgenden anhand experimenteller Daten nachvollzogen, welche aus den im vorigen Abschnitt beschriebenen Arrays gewonnen wurden. Dazu wird die Leitfähigkeit des Arrays entlang des Schnittes Nr. 4 im 2D-Plot in Abbildung 9.4 betrachtet. Entlang dieser Linie gilt $|n_{mod}|$ $= 2|n_{BG} - n_i|$ und entspricht dem symmetrischen npn- bzw. pnp-Fall mit gleichen Ladungsträgerdichten bzw. Fermi-Wellenvektoren auf beiden Seiten der Barriere. Dies war eine Voraussetzung bei der Herleitung der Transmissionswahrscheinlichkeit (Gleichung 9.18) für den np-Einzelübergang. Die Leitfähigkeiten des npn- und pnp-Übergangs folgen der $\sqrt[4]{n}$-Abhängigkeit, welche zuvor abgeleitet wurde. Zusätzlich wird die Leitfähigkeit entlang des Schnittes Nr. 5 betrachtet, welcher die Bedingung $|n_{mod}| = |n_{BG} - n_i|$ erfüllt. Um die betrachteten Konfigurationen des pnpn-Arrays besser zu veranschaulichen ist in Abbildung 9.9 die Überlagerung von Backgate und Topgate für beide Fälle dargestellt. In Abbildung 9.10 ist G exemplarisch für den npn-Fall[6] über der effektiven Ladungsträgerdichte $n_{BG} - n_i$ aufgetragen. Für den eingezeichneten Fit wurde der funktionale Zusammenhang vorgegeben und der Koeffizient a sowie der Exponent b bestimmt. Es folgt die $\sqrt[4]{n}$-Abhängigkeit mit einer Signifikanz von 96%, wie sich aus dem Residuum des Fits ergibt.

Das Array verhält sich also wie ein einzelner np(pn)- bzw. npn(pnp)-Übergang. Zwischen den Kontakten, welche für diese Messung verwendet wurden, liegen 34 Topgate-Finger, wobei je zwei zu einem npn(pnp)-Übergang gehören (s. Inset in Abbildung 9.10). Es wird also über 17 einzelne Übergänge gemessen, wobei die Breite der Doppelbarriere hier effektiv etwa 60 nm (40 nm $+ 2d/2$) beträgt. Dies folgt aus der Abschätzung der Breite des Übergangsbereichs d, welcher etwa der Di-

---

[6] Für den pnp-Fall wird das gleiche Verhalten beobachtet.

9.3 Transmission von Dirac-Fermionen durch ein pnp/npn-Array

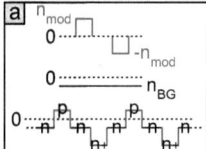
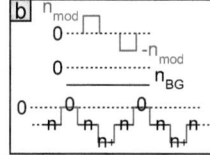

Abbildung 9.9: Schematische Darstellung der additiven Überlagerung von Topgate und Backgate-Dichte zur Illustration der oben beschriebenen Konfigurationen des pnp-Arrays. (a) Überlagerung von Topgate- und Backgate-Dichte für $|n_{mod}| = 2|n_{BG}|$, was zu symmetrischen npn-Übergängen führt. Für pnp-Übergänge wäre die Darstellung entsprechend umgekehrt. Jeder npn-Übergang ist durch ein gut leitfähiges Gebiet (n+) mit dem nächsten verbunden. (b) Die analoge Situation für den Fall, dass $|n_{mod}| = |n_{BG}|$ gilt. Hier bildet sich jeweils ein Bereich aus, welcher am Neutralitäts bzw. Dirac-Punkt liegt.

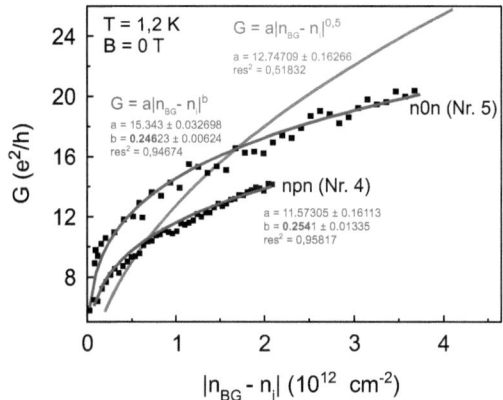

Abbildung 9.10: Leitfähigkeit G des pnp-Arrays entlang der Schnitte Nr. 4 und Nr. 5 aus Abbildung 9.4 in Abhängigkeit der effektiven Ladungsträgerdichte $n_{BG} - n_i$. Für den Schnitt Nr. 4 gilt $|n_{mod}| = 2|n_{BG} - n_i|$ und die Fermi-Wellenvektoren k_F auf beiden Seiten des Übergangs sind gleich groß. Es handelt sich also um einen symmetrischen npn-Übergang. Die Leitfähigkeit zeigt die $\sqrt[4]{n}$-Abhängigkeit, nach Formel 9.19, welche oben hergeleitet wurde (s. rote Fitting-Kurven, Residuum npn: 96%). Für Leitfähigkeit G entlang des Schnittes Nr. 5 gilt $|n_{mod}| = |n_{BG} - n_i|$ und es liegt immer ein Bereich am Neutralitätspunkt (bezeichnet als n0n). Interessanterweise zeigt die Leitfähigkeit ebenfalls die $\sqrt[4]{n}$-Abhängigkeit, nach Formel 9.19 (s. rote Fitting-Kurven, Residuum n0n: 95%). Zum Vergleich ist eine einfache Wurzelabhängigkeit mit eingezeichnet, deren Residuum res^2 aber nur bei 52% liegt (blaue Kurve).

cke des Dielektrikums von 20 nm entspricht, sowie der Breite eines einzelnen Topgate-Fingers von 40 nm (vgl. erster Abschnitt 9.1). Die Breite d des Übergangsbereiches zwischen p und n (s. oben), beträgt daher auch ca. 20 nm. Mit den experimentell üblichen Ladungsträgerdichten im Bereich von $|n| \approx 10^{12}$ cm^{-2} ist die Bedingung $|\vec{k}_F|d > 1$ gut erfüllt und es liegt ein "weicher" Übergang vor, für den das oben diskutierte Modell der Transmission von Dirac-Fermionen zulässig ist. Weiterhin ist die mittlere freie Weglänge in der Probe bei diesen Bedingungen etwa 100 nm, so dass man von ballistischen bzw. quasi-ballistischen Bedingungen an jedem einzelnen Übergang ausgehen kann. Die gut leitfähigen Bereiche mit hoher Elektronendichte n+ zwischen den Einzelübergängen (s. Skizze im Inset in Abbildung 9.10) werden dabei als Verbindungen aufgefasst, deren Widerstand sich zum Widerstand des Einzelübergangs addiert. Diese Betrachtung wird auch in der Literatur verwendet [22], um Fabry-Perot-Interferenzen an einem einzelnen npn- bzw. pnp-Übergang zu erklären, dessen Dimensionen inklusive des n- bzw. p-leitenden Graphens rechts und links des Übergangs ansonsten zu groß wären, um ballistischen Transport annehmen zu können. Solche Interferenzen treten in dem hier untersuchten System nicht auf, da eine Mittelung über viele Übergänge vorliegt. Interessant ist die Tatsache, dass die $\sqrt[4]{n}$-Abhängigkeit auch im Grenzbereich zwischen homopolarem und bipolarem Regime beobachtet wird, welcher in Abbildung 9.4 durch die gelbe gestrichelte Linie Nr. 5 ($|n_{mod}| = |n_{BG} - n_i|$) markiert ist. Hier kompensiert die backgate-induzierte Ladungsträgerdichte das Topgate jeweils unter jedem zweiten Finger, so dass sich diese Bereiche am Neutralitäts bzw. Dirac-Punkt befinden. Diese Konfiguration wird in der weiteren Diskussion als "n0n" bezeichnet. An die Messpunkte wurde eine Kurve gefittet, welche zu 95% (s. rote Kurven, $res^2 = 0,946$) einer $\sqrt[4]{n}$-Abhängigkeit entspricht. Der Vergleich mit einer einfachen Wurzelabhängigkeit (s. blaue Kurve, $res^2 = 0,518$) zeigt, dass der vorhandene Datensatz groß genug ist, um die $\sqrt[4]{n}$-Abhängigkeit eindeutig zu belegen. Dass die $\sqrt[4]{n}$-Abhängigkeit auch für den n0n-Fall auftritt ist verwunderlich, da hier kein pn- bzw. npn-Übergang vorliegt. Das zuvor beschriebene Modell, welches die $\sqrt[4]{n}$-Abhängigkeit liefert, setzt einen pn-Übergang mit gleichen Fermi-Wellenvektoren auf beiden Seiten des Übergangs voraus. Möglicherweise lässt sich ein n0n-Übergang ähnlich behandeln, denn in den n-Gebieten sind die Ladungsträgerdichten identisch und somit die Fermi-Wellenvektoren gleich. D.h. diese Bedingung für die Anwendbarkeit des obigen Modells wäre erfüllt. Weiterhin könnte man argumentieren, dass der Neutralitätspunkt nie exakt erreicht wird und im n0n-Übergang stets p-Leitende Bereiche vorhanden sind, welche bei der Mittelung über viele Übergänge zu einem "npn-ähnlichen" Verhalten führen.

Bei der experimentellen Untersuchung von pn-Übergängen in Graphen ergibt sich also zwangsläufig die Komplikation, dass stets Inhomogenitäten am Dirac-Punkt vorhanden sind (vgl. Abschnitt 3.2), welche die eindeutige Abgrenzung eines einzelnen Mechanismus erschweren. Während im homopolaren Regime bei ausreichend hohen Ladungsträgerdichten von einer definierten Probe ausgegangen werden kann, lässt sich das Durchschreiten des Dirac-Punktes und die damit verbundenen Ladungs-

9.3 Transmission von Dirac-Fermionen durch ein pnp/npn-Array

inhomogenitäten im bipolaren pn-Regime naturgemäß nicht vermeiden.

Die hier untersuchten Proben zeigen ein Verhalten, welches konsistent ist mit Vorhersagen aus der Literatur. Dennoch kann nicht ausgeschlossen werden, dass weitere Effekte am Dirac-Punkt ein Rolle spielen, welche allerdings nicht geschlossen modelliert werden können. Zu dieser Thematik sind weitere Experimente erforderlich, welche an diese Arbeit anschließen könnten. Dieses Schlusskapitel soll einen Eindruck vermitteln, welche Fragestellungen mit Vielfach-pn-Übergängen auftreten. Viele Effekte in der Nähe des Neutralitäts- bzw. Dirac-Punktes sind noch unverstanden und könnten mit Proben des hier vorgestellten Typs möglicherweise genauer untersucht werden. Weiterhin könnten Proben mit einem periodisch strukturierten Topgate auch verwendet werden, um bspw. Kommensurabilitätseffekte im Magnetfeld in Graphen zu untersuchen. Voraussetzung dafür sind allerdings Graphenproben mit um Größenordnungen höheren Ladungsträgerbeweglichkeiten, als sie momentan verfügbar sind. Darüber hinaus könnten strahlende Übergänge zwischen Landauniveaus an Graphenpn-Übergängen im Magnetfeld untersucht werden, da die Vielfachanordnung dieses Probentyps zu einer verstärkten Intensität der emittierten Terahertzstrahlung führen sollte.

Zusammenfassung und Ausblick

Als Ausgangspunkt für detaillierte Transportuntersuchungen an Graphen wurde, basierend auf den Arbeiten von Novoselov et al.[1, 2], der Herstellungsprozess für Graphenfeldeffekttransistoren (GFETs) weiterentwickelt und optimiert. Ausgehend von Graphit können Graphenmonolagen hergestellt, auf oxidierten Si-Wafern abgeschieden, optisch identifiziert und elektrisch kontaktiert werden. Zudem ist die Strukturierung mittels Sauerstoff- bzw. Argonplasma zur Herstellung definierter Hallbar-Geometrien ausgearbeitet worden, so dass Proben zur Verfügung stehen, die eine definierte Berandung und Geometrie aufweisen. Darüber hinaus können nanostrukturierte Topgates mit einem SiO-Dielektrikum aufgebracht werden.

Den Schwerpunkt im ersten Teil der Arbeit bilden Untersuchungen der Transporteigenschaften von Graphen ohne Magnetfelder. Dabei geht es besonders um die Betrachtung von externen Einflussgrößen auf die elektronischen Eigenschaften. Unter diesen Einflussgrößen nehmen molekulare Adsorbate eine besondere Stellung ein, da sie für viele intrinsische Effekte frisch präparierter Graphenproben verantwortlich sind. Dazu zählen bspw. die stets vorhandene p-Dotierung, eine Asymmetrie von Elektronen- und Lochbeweglichkeit, die "minimal conductivity", sowie eine Hysterese in der Feldeffektcharakteristik bei Raumtemperatur.

In Zusammenarbeit mit der Gruppe von A. Yacoby wurden Ladungsfluktuationen in der Nähe des Dirac-Punktes als mögliche Ursache für die endliche Leitfähigkeit ("minimal conductivity") von Graphen im Falle verschwindender Ladungsträgerdichte mittels Scanning-SET-Messungen (SSET) nachgewiesen [67]. Die Fluktuationen, sogenannte "electron-hole puddles", besitzen eine räumliche Ausdehnung von ca. 30 nm bei einer Fluktuationsamplitude von $2 \cdot 10^{11} \text{cm}^{-2}$. Solche Ladungsfluktuationen bei verschwindender mittlerer Ladungsträgerdichte können u.a. von Molekülen verursacht werden, welche auf Graphen adsorbieren und einen Elektronentransfer bewirken, dessen Größe und Richtung von der Gestalt der jeweiligen Molekülorbitale abhängt. Aufgrund solcher Adsorbate weist frisch präpariertes Graphen stets eine p-Dotierung von durchschnittlich $1,5 \cdot 10^{12} \text{ cm}^{-2}$ auf. Diese geht im Wesentlichen auf Wasser aus der Umgebung zurück, welches das Graphen kontaminiert. Durch Ausheizen von kontaktierten GFETs unter Vakuum auf 140°C und in-situ Transportmessungen konnte die p-dotierende Wirkung von Wasser nachgewiesen werden. Zudem bewirkt das Dipolmoment des Wassers eine Hysterese in der Feldeffektcharakteristik von Graphen. Das Ausheizen im Vakuum kann umgekehrt angewendet werden, um Graphenproben vor einem Experiment weitgehend von Ad-

Zusammenfassung und Ausblick

sorbaten zu befreien. Auf diese Weise gereinigte Proben erreichen bei Messungen des elektrischen Feldeffekts Ladungsträgerbeweglichkeiten von mehr als $10000\,\text{cm}^2/\text{Vs}$.

Weiterhin wurde chemisches Dotieren mit Ammoniak und der Einfluss anderer Gase wie Helium, Argon, Stickstoff und Sauerstoff untersucht (s. auch [165]). Einen Effekt zeigen nur Ammoniak und Sauerstoff. Dabei ist Sauerstoff stark p-dotierend, verursacht aber keine Hysterese wie Wasser, da Sauerstoff kein Dipolmoment besitzt. Ammoniak wirkt n-dotierend und erzeugt eine Hysterese mit umgekehrtem Umlaufsinn, da es sich hierbei auch um ein Dipolmolekül handelt. Dies belegt im Rückschluss, dass die Dipoleigenschaft eines Adsorbates zur Hysterese im Feldeffekt führt. Insgesamt konnte somit indirekt gezeigt werden, dass Wasser und Sauerstoff sehr wahrscheinlich die p-Dotierung verursachen, welche unter Normalbedingungen bei Graphen immer beobachtet wird. Wasser allein ist dagegen zusätzlich für die Hysterese im Feldeffekt bei Raumtemperatur verantwortlich.

Durch chemisches Dotieren mit Ammoniak konnte auch eine bei unbehandelten Graphenproben häufig beobachtete Asymmetrie zwischen Elektronen- und Lochbeweglichkeit näher untersucht werden. Diese Asymmetrie zeichnet sich durch eine deutlich kleinere Elektronenbeweglichkeit gegenüber der Lochbeweglichkeit aus, obwohl diese Größen aufgrund der Symmetrie der Bandstruktur identisch sein müssten. Unter Ammoniakdotierung kehrt sich die Lage Asymmetrie um, so dass die Elektronenbeweglichkeit zunimmt und die Lochbeweglichkeit sinkt. Das gibt den Hinweis, dass es sich bei diesem Effekt ebenfalls um ein adsorbatabhängiges Phänomen handelt. Eine Erklärung aus der theoretischen Literatur ist ein energieabhängiges Streupotential, welches vom Typ des Adsorbates und von der Ladung des betrachteten Dirac-Fermions abhängt [115].

Neben den Eigenschaften der Adsorbate spielt auch die Beschaffenheit des Graphens selbst eine Rolle. So konnte gezeigt werden, dass die intrinsische Dotierung von Graphen an Luft mit der individuellen Struktur der einzelnen Probe zusammenhängt. Eine saubere Probe erhält die Dotierung zwar letztlich aus der Umgebung, die maximale Dotierung hängt aber von der Probenbeschaffenheit im Einzelfall ab, welche auch von der Reinheit und Topographie der Substratoberfläche mitbeeinflusst wird [117]. Dies zeigt sich dadurch, dass Proben nach Ausheizen im Vakuum und erneuter Exposition an Luft ihre ursprüngliche Dotierung exakt wieder erreichen und die maximale Dotierung für jede Probe individuell und unabhängig von der Adsorbatkonzentration der Umgebung ist. Dieses Ergebnis legt nahe, dass auch die "electron-hole puddles" möglicherweise aufgrund von Defekten und Verformungen der Graphenoberfläche entstehen, welche bevorzugte Adsorptionsplätze darstellen. Um diese Betrachtung genauer zu untersuchen, wären weitere Experimente mit Kombinationen aus STM-, Transport- und SSET-Experimenten erforderlich.

In den bisher geschilderten Experimenten ging es vorwiegend um schwach gebundene Adsorbate, welche als coulomb-artige, langreichweitige Störstellen im Transport durch Dotierung, Asymmetrien, Hysteresen etc. sichtbar sind, aber Dirac-Fermionen nicht lokalisieren können. Durch gezielten Energieeintrag mittels Elektronenstrahl lassen sich chemische Reaktionen zwischen Adsorbaten und

Zusammenfassung und Ausblick

Graphen erzeugen. Das frei zugängliche 2DES des Graphen kann somit direkt mit dem Elektronenstrahl modifiziert werden. Es wurden Punktgitter sowie Liniengitter auf das Graphen geschrieben. Im Transport konnte die Bildung kurzreichweitiger Störstellen bzw. lokalisierter Zustände anhand von "weak localization" und "universal conductance fluctuations" beobachtet werden. Bei hohen Bestrahlungsdosen tritt zudem eine Transportlücke von ca. 370 meV auf, welche auf starke Lokalisierung hinweist. Zur Interpretation ist zu bedenken, dass die Energie des verwendeten Elektronenstrahls mit 30 keV zu gering ist, um die C-C Bindung zu brechen, dazu wären Energien ab 80 keV erforderlich (s. z.B. [132]). Wahrscheinlicher ist daher die lokale Bildung von Verbindungen wie Graphan oder Graphenoxid, welche die Beobachtungen erklären können. Hier könnten zukünftige STM-Untersuchungen helfen, die genaue Zusammensetzung der elektronenstrahlmodifizierten Bereiche aufzuklären.

Nachdem im ersten Teil viele Effekte untersucht wurden, die auf molekulare Adsorbate zurückzuführen sind, geht es im zweiten und letzten Teil um Transportexperimente, welche die zuvor gewonnenen Erkenntnisse und Verfahren ausnutzen.

Durch Kombination der Strukturierung zur Erzeugung definierter Hallbars aus Graphen und Ausheizen der hergestellten GFETs im Vakuum, konnten Proben mit Ladungsträgerbeweglichkeiten von 16000 cm^2/Vs und einer geringen p-Dotierung dargestellt werden. Diese wurden im Magnetfeld bei 4,2 K charakterisiert. Die Ausprägung der Shubnikov-de Haas Oszillationen und des integralen Quantenhalleffekts (QHE) belegen die hohe Qualität der Proben und stellen einen Benchmark dar, um diese Proben mit jenen aus der etablierten Literatur [25, 66] vergleichen zu können. Die für Graphen charakteristische Füllfaktorsequenz $\nu = \pm 2, \pm 6, \pm 10, \pm 14, \pm 18...$ im QHE ist eindeutig nachweisbar.

Aus den Experimenten zum chemischen Dotieren mit Ammoniak, wurde eine Methode abgeleitet, um Bereiche mit unterschiedlicher Dotierung auf Graphen zu erzeugen. Dabei wird eine kontaktierte Graphenprobe zur Hälfte mit PMMA belackt und die andere Hälfte dem Dotierstoff ausgesetzt. Auf diese Weise lassen sich Dotierungsprofile erzeugen, welche auch als Graphen-pn-Übergänge verwendet werden können. Die pn-Übergänge kann man nun einem Magnetfeld aussetzen und die Äquilibrierung von Randkanälen im QHE-Regime untersuchen, welche zu quantisierten Widerstandswerten von h/e^2, $h/3e^2$, $h/15e^2$... führt. Diese Werte treten in "normalem" Graphen nicht auf und ergeben sich aus der Summation der Hallspannungen von angrenzenden Bereichen unterschiedlicher Dotierung. Die Präzision mit der die genannten Widerstandswerte erreicht werden gibt Auskunft darüber, wie vollständig Randkanaläquilibrierung stattfindet.

Die Thematik der pn-Übergänge in Graphen wird im letzten Kapitel dieser Arbeit auf ballistische Vielfach-Übergänge ausgeweitet, welche durch ein nanostrukturiertes Interdigital-Topgate elektrostatisch erzeugt werden. Bei diesem Probentyp kann eine charakteristische $\sqrt[4]{n}$-Abhängigkeit der Leitfähigkeit beobachtet werden, wie sie für symmetrische Graphen pn- bzw. npn-Übergänge theore-

Zusammenfassung und Ausblick

tisch vorhergesagt wurde [12]. Nicht völlig verstanden ist die Tatsache, dass diese Abhängigkeit auch am Übergang vom homopolaren ins bipolare Regime auftritt, obwohl hier noch kein symmetrischer pn-Übergang vorliegt. An dieser Stelle sind zusätzliche Experimente erforderlich, um das Gebiet der Graphen-pn-Übergänge weiter zu untersuchen.

Abschließend seien noch ein paar Punkte als Ausblick genannt: Ein besseres Verständnis der wesentlichen Streumechanismen, welche für die Limitierung der Ladungsträgermobilität in den momentan besten Proben verantwortlich sind, kann zu neuen Verfahren zur Verbesserung der Probenqualität führen. Wenn Graphenproben mit höheren Ladungsträgermobilitäten verfügbar sind, sollte es auch möglich sein bspw. Kommensurabilitätseffekte in Graphen eindeutig zu messen oder im Falle von Graphen-pn-Übergängen die theoretisch postulierte Winkelabhängigkeit des "Klein-Tunnelns" nachzuweisen.

STM-Untersuchungen können ein Rolle spielen, um tiefere Einblicke in die Mechanismen der Adsorption auf Graphen und bspw. die genauen Ursachen für die "electron-hole puddles" zu gewinnen. Weiterhin kann STM helfen, die Natur von Elektronenstrahlmodifikationen aufzuklären.

Ein tieferes Verständnis des planaren Kohlenstoffwachstums wird notwendig sein, um neue Prozesse zur großflächigen Graphenherstellung zu entwickeln. Dieser Punkt wird entscheiden, ob Graphen Einzug in elektrotechnische und industrielle Anwendungen erhält.

Anhang

Verwendete Chemikalien

IUPAC Name	Formel	Reinheit	Hersteller
Aluminium	Al	99,99%	Balzers
Aluminiumoxid	Al_2O_3	99,99%	Alfa Aesar
Ammoniak	NH_3	6.0	Basi
Argon	Ar	6.0	Air Liquide
Chlorbenzol	C_6H_5Cl	VLSI	Merck
Chrom	Cr	99,99%	Balzers
Gold	Au	99,999%	Alfa Aesar
Gold-Palladium	AuPd (60:40)	99,999%	Alfa Aesar
Helium	He	6.0	Air Liquide
1,1,1,3,3,3-Hexamethyldisilazan	$C_6H_{19}NSi_2$	99,9%	Aldrich
Kaliumhydroxid	KOH	p.a.	Merck
4-Methylpentan-2-on	$C_6O_{12}O$	p.a.	Merck
1-Methyl-2-pyrrolidon	C_5H_9NO	VLSI	Merck, AllResist
Poly(Methyl-2-methylpropenoat)	$(C_5O_2H_8)_n$	VLSI	AllResist
Propan-2-ol	C_3H_7OH	VLSI	Merck, BASF
Propan-2-on	C_3H_6O	VLSI	Merck, BASF
Sauerstoff	O_2	6.0	Air Liquide
Siliziummonoxid	SiO	99,99%	Alfa Aesar
Stickstoff	N_2	6.0	Air Liquide
Titan	Ti	99,99%	Balzers

Tabelle 9.1: Übersicht über die verwendeten Chemikalien

Zur Graphenherstellung wurde HOPG (12x12x2 mm) der Qualität ZYA von Advanced Ceramics bzw. Momentive Performance (http://www.advceramics.com/) verwendet.

Das Klebeband zur Spaltung ist "SWT 10" von Nitto-Denko (http://www.nitto.com/).

Literaturverzeichnis

[1] K. S. Novoselov, A. K. Geim, S. V. Morozov, D. Jiang, Y. Zhang, S. V. Dubonos, I. V. Grigorieva, and A. A. Firsov. *Science*, 306:666, 2004.

[2] K. S. Novoselov, D. Jiang, F. Schedin, T. J. Booth, V. V. Khotkevich, S. V. Morozov, and A. K. Geim. *PNAS*, 102(30):10451–10453, 2005.

[3] P. R. Wallace. *Phys. Rev.*, 71:622, 1947.

[4] N. D. Mermin. *Phys. Rev.*, 176:250, 1968.

[5] R. E. Peierls. *Helv. Phys. Acta.*, 7:81, 1934.

[6] R. E. Peierls. *Ann. Inst. H. Poincare*, 8:177, 1935.

[7] D. R. Nelson and J. Peliti. *J. Physique*, 48:1085, 1987.

[8] P. Le Doussal and L. Radzihovsky. *Phys. Rev. Lett.*, 69:1209, 1992.

[9] J. C. Meyer, A. K. Geim, M. I. Katsnelson, K. S. Novoselov, T. J. Booth, and S. Roth. *Nature*, 446:60, 2007.

[10] M. I. Katsnelson, K. S. Novoselov, and A. K. Geim. *Nature Phys.*, 2:620, 2006.

[11] C. W. J. Beenakker. *Rev. Mod. Phys.*, 80:1337, 2008.

[12] V. V. Cheianov and V. I. Falko. *Phys. Rev. B*, 74:041403, 2006.

[13] V. V. Cheianov, V. I. Falko, and B. L. Altshuler. *Science*, 315:1252, 2007.

[14] V. I. Falko, K. Kechedzhi, E. McCann, B. L. Altshuler, H. Suzuura, and T. Ando. *Solid State Comm.*, 143:33, 2007.

[15] F. Guinea, B. Horovitz, and P. Le Doussal. *Phys. Rev. B*, 77:205421, 2008.

[16] A. H. Castro Neto, F. Guinea, N. M. R. Peres, K. S. Novoselov, and A. K. Geim. *Rev. Mod. Phys.*, 81:109, 2009.

[17] O. Klein. *Zeitschrift für Physik*, 53:157, 1928.

[18] M. I. Katsnelson. *Eur. Phys. J.*, 51:157, 2006.

[19] W. Zawadzki. *Phys. Rev. B*, 72:085217, 2005.

[20] J. Y. Vaishnav and C. W. Clark. *Phys. Rev. Lett.*, 100:153002, 2008.

[21] E. Schrödinger. *Preuss. Akad. Wiss. Phys.-Math.*, 24:418, 1930.

[22] A. F. Young and P. Kim. *Nature Phys.*, 5:222, 2009.

[23] A. V. Shytov, M. S. Rudner, and L. S. Levitov. *Phys. Rev. Lett.*, 101:156804, 2008.

[24] D. S. Lee, C. Riedl, B. Krauss, K. von Klitzing, U. Starke, and J. H. Smet. *Nano Lett.*, 8:4320, 2008.

Literaturverzeichnis

[25] K. S. Novoselov, A. K. Geim, S. V. Morozov, D. Jiang, M. I. Katsnelson, I. V. Grigorieva, S. V. Dubonos, and A. A. Firsov. *Nature*, 438:197–200, 2005.

[26] V. P. Gusynin and S. G. Sharapov. *Phys. Rev. Lett.*, 95:146801, 2005.

[27] K. S. Novoselov, Z. Jiang, Y. Zhang, S. V. Morozov, H. L. Stormer, U. Zeitler, J. C. Maan, G. S. Boebinger, P. Kim, and A. K. Geim. *Science Express*, 113720:1, 2007.

[28] H. O. Pierson. *Handbook of Carbon, Graphite, Diamond and Fullerenes*. Noyes Publications, 1993.

[29] F. Schedin, A. K. Geim, S. V. Morozov, E. W. Hill, P. Blake, M. I. Katsnelson, and K. S. Novoselov. *Nature Mater.*, 6:652, 2007.

[30] N. Tombros, C. Jozsa, M. Popinciuc, H. T. Jonkman, and B. J. van Wees. *Nature*, 448:7153, 2007.

[31] N. Tombros, S. Tanabe, A. Veligura, C. Jozsa, M. Popinciuc, H. T. Jonkman, and B. J. van Wees. *Phys. Rev. Lett.*, 101:046601, 2008.

[32] C. Jozsa, M. Popinciuc, N. Tombros, H. T. Jonkman, and B. J. van Wees. *Phys. Rev. Lett.*, 100:236603, 2008.

[33] C. Jozsa, M. Popinciuc, N. Tombros, H. T. Jonkman, and B. J. van Wees. *Phys. Rev. B*, 79:081402, 2009.

[34] T. Ando, A. B. Fowler, and F. Stern. *Rev. Mod. Phys.*, 54:437, 1982.

[35] K. von Klitzing, G. Dorda, and M. Pepper. *Phys. Rev. Lett.*, 45:494, 1980.

[36] D. C. Tsui, H. L. Stormer, and A. C. Gossard. *Phys. Rev. Lett.*, 48:1559, 1982.

[37] H. A. Fertig. *Phys. Rev. B*, 40:1087, 1989.

[38] J. P. Eisenstein, G. S. Boebinger, L. N. Pfeiffer, K. W. West, and H. Song. *Phys. Rev. Lett.*, 68:1383, 1992.

[39] M. Kellog, J. P. Eisenstein, L. N. Pfeiffer, and K. W. West. *Phys. Rev. Lett.*, 93:036801, 2004.

[40] L. Tiemann, W. Dietsche, M. Hauser, and K. v. Klitzing. *New J. Phys.*, 10:045018, 2008.

[41] C. C. Grimes and G. Adams. *Phys. Rev. Lett.*, 42:795, 1979.

[42] H. Beyer, W. Walter, and W. Francke. *Lehrbuch der Organischen Chemie*. S. Hirzel, Stuttgart, 1998.

[43] F. A. Carey and R. J. Sundberg. *Organische Chemie*. Wiley-VCH, Weinheim, 1995.

[44] S. Iijima. *Nature*, 354:56, 1991.

[45] H. W. Kroto, J. R. Heath, S. C. O'Brien, R. F. Curl, and R. E. Smalley. *Nature*, 318:162, 1985.

[46] H. W. Kroto, J. E. Fischer, and D. E. Cox. *The Fullerenes*. Pergamon, Oxford, 1993.

[47] G.-Y. Xiong, D. Z. Wang, and Z. F. Ren. *Carbon*, 44:969, 2006.

[48] A. K. Geim and K. S. Novoselov. *Nature Mater.*, 6:183, 2007.

[49] K. Kinoshita. *Carbon - electrochemical and physicochemical properties*. Wiley-Interscience,

Weinheim, 1988.
[50] C. L. Mantell. *Carbon and Graphite Handbook*. John Wiley & Sons, Oxford, 1968.
[51] L. D. Landau. *Phys. Z. Sowjet Union*, 11:26, 1937.
[52] L. D. Landau and E. M. Lifshitz. *Statistical Physics, Part I*. Pergamon, Oxford, 1980.
[53] Geringer V. RWTH Aachen, 2008.
[54] V. Geringer, M. Liebmann, T. Echtermeyer, S. Runte, M. Schmidt, R. Rückamp, M. C. Lemme, and M. Morgenstern. *Phys. Rev. Lett.*, 102:076102, 2009.
[55] S. V. Iordanskii and A. E. Koshelev. *JETP Lett.*, 41:574, 1985.
[56] S. V. Morozov, K. S. Novoselov, M. I. Katsnelson, F. Schedin, L. A. Ponomarenko, D. Jiang, and A. K. Geim. *Phys. Rev. Lett.*, 97:016801, 2006.
[57] T. J. Booth, P. Blake, R. R. Nair, D. Jiang, E. W. Hill, U. Bangert, A. Bleloch, M. Gass, K. S. Novoselov, M. I. Katsnelson, and A. K. Geim. *Nano Lett*, 8:2442–2446, 2008.
[58] S. Reich, J. Maultzsch, C. Thomsen, and P. Ordejon. *Phys. Rev. B*, 66:035412, 2002.
[59] B. Partoens and F. M. Peeters. *Phys. Rev. B*, 74:075404, 2006.
[60] T. Ando, T. Nakanishi, and R. Saito. *J. Phys. Soc. Jpn.*, 67:2857, 1998.
[61] T. Ando. *J. Phys. Soc. Jpn.*, 74:777, 2005.
[62] G. W. Semenoff. *Phys. Rev. Lett.*, 53:2449, 1984.
[63] J. W. McClure. *Phys. Rev.*, 104:666, 1956.
[64] H. Rollnik. *Quantentheorie 2 - Relativistische Quantentheorie*. Springer, Heidelberg, 2003.
[65] A. Calogeracos and N. Dombey. *Contemp. Phys.*, 40:313–321, 1999.
[66] Y. B. Zhang, Y. W. Tan, H. L. Stormer, and P. Kim. *Nature*, 438:201–204, 2005.
[67] J. Martin, N. Akerman, G. Ulbricht, T. Lohmann, J. H. Smet, K. von Klitzing, and A. Yacoby. *Nature Phys.*, 4:144, 2008.
[68] C. Berger, Z. M. Song, T. B. Li, X. B. Li, A. Y. Ogbazghi, R. Feng, Z. T. Dai, A. N. Marchenkov, E. H. Conrad, P. N. First, and W. A. de Heer. *J. Phys. Chem. B*, 108:19912–19916, 2004.
[69] W. A. de Heer, C. Berger, X. Wu, P. N. First, E. H. Conrad, X. Li, T. Li, M. Sprinkle, J. Hass, M. L. Sadowski, M. Potemski, and G. Martinez. *Solid State Comm.*, 143:92–100, 2007.
[70] J. Hass, F. Varchon, J. E. Millan-Otoya, M. Sprinkle, N. Sharma, W. A. De Heer, C. Berger, P. N. First, L. Magaud, and E. H. Conrad. *Phys. Rev. Lett.*, 100:125504, 2008.
[71] A. Bostwick, T. Ohta, T. Seyller, K. Horn, and E. Rotenberg. *Nature Phys.*, 3:36–40, 2007.
[72] T. Ohta, A. Bostwick, T. Seyller, K. Horn, and E. Rotenberg. *Science*, 313:951–954, 2006.
[73] Obraztsov A. N., Obraztsova E. A., Tyurnina A. V., and A. A. Zolotukhin. *Carbon*, 45:2017, 2007.
[74] A. T. N'Diaye, J. Coraux, T. N. Plasa, C. Busse, and T. Michely. *New J. Phys.*, 10:043033, 2008.

Literaturverzeichnis

[75] J. Coraux, A. T. N'Diaye, C. Busse, and T. Michely. *Nano Lett.*, 8:565–570, 2008.
[76] P. W. Sutter, J. I. Flege, and E. A. Sutter. *Nature Mater.*, 7:406, 2008.
[77] C. Gomez-Navarro, R. T. Weitz, A. M. Bittner, M. Scolari, A. Mews, M. Burghard, and K. Kern. *Nano Lett.*, 7:3499–3503, 2007.
[78] L. N. Pfeiffer. Devices including highly conducting graphene layers epitaxially grown on lattice-matched single crystal substrates. US-Patent Nr. 20070187694, 2007.
[79] J. Campos-Delgado, J. M. Romo-Herrera, X. Jia, D. A. Cullen, H. Muramatsu, Y. A. Kim, T. Hayashi, Z. Ren, D. J. Smith, Y. Okuno, T. Ohba, H. Kanoh, K. Kaneko, M. Endo, H. Terrones, M. S. Dresselhaus, and M. Terrones. *Nano Lett.*, 8:2773–2778, 2008.
[80] A. Malesevic, R. Vitchev, K. Schouteden, A. Volodin, Liang Z., G. van Tendeloo, A. Vanhulsel, and C. van Haesendonck. *Nanotechnology*, 19:305604, 2008.
[81] V. C. Tung, M. J. Allen, Y. Yang, and R. B. Kaner. *Nature Nanotech.*, 3:329, 2008.
[82] X. Li, W. Cai, J. An, S. Kim, J. Nah, D. Yang, R. Piner, A. Velamakanni, I. Jung, E. Tutuc, S. K. Banerjee, L. Colombo, and R. S. Ruoff. *Science Express*, page 1171245, 2009.
[83] M. Bruna and S. Borini. *Appl. Phys. Lett.*, 94:031901, 2009.
[84] E. D. Palik, editor. *Handbook of Optical Constants of Solids*. Academic Press, New York, 1991.
[85] J. Henrie, S. Kellis, S. Schultz, and A. Hawkins. *Opt. Express*, 12:1464, 2004.
[86] H. Anders. *Dünne Schichten für die Optik*. Wiss. Verlagsgesellschaft, Stuttgart, 1965.
[87] P. Blake, K. S. Novoselov, A. H. Castro Neto, R. Jiang, R. Yang, T. J. Booth, A. K. Geim, and E. W. Hill. *Appl. Phys. Lett.*, 91:063124, 2007.
[88] D. S. L. Abergel, P. Pietiläinen, and T. Chakraborty. *Appl. Phys. Lett.*, 91:063125, 2007.
[89] R. R. Nair, P. Blake, A. N. Grigorenko, K. S. Novoselov, T. J. Booth, T. Stauber, N. M. R. Peres, and A. K. Geim. *Science*, 320:1308, 2008.
[90] A. C. Ferrari, J. C. Meyer, V. Scardaci, C. Casiraghi, M. Lazzeri, F. Mauri, S. Piscanec, D. Jiang, K. S. Novoselov, S. Roth, and A. K. Geim. *Phys. Rev. Lett.*, 97:187401, 2006.
[91] B. Krauss. Diplomarbeit, Universität Stuttgart, 2007.
[92] A. C. Ferrari and J. Robertson. *Phys. Rev. B*, 64:075414, 2001.
[93] C. Thomsen and S. Reich. *Phys. Rev. Lett.*, 85:5214, 2000.
[94] B. Krauss, T. Lohmann, D. H. Chae, M. Haluska, K. v. Klitzing, and J. H. Smet. *Phys. Rev. B*, 79:165428, 2009.
[95] G. Ulbricht. Dissertation, Max Planck Institut für Festkörperforschung/Universität Stuttgart, 2008.
[96] H. F. Wolf. *Silicon Semiconductor Data*. Pergamon Press, Oxford, 1969.
[97] I. F. Herbut, V. Juricic, and O. Vafek. *Phys. Rev. Lett.*, 100:046403, 2008.
[98] A. Yacoby, H. F. Hess, T. A. Fulton, L. N. Pfeiffer, and K. W. West. *Solid State Commun.*, 111:1–13, 1999.

[99] M. J. Yoo, T. A. Fulton, H. F. Hess, R. L. Willett, L. N. Dunkleberger, R. J. Chichester, L. N. Pfeiffer, and K. W. West. *Science*, 276:579, 1997.

[100] D. S. L. Abergel, A. Russell, and V. I. Falko. *Phys. Rev. B*, 80:081408, 2009.

[101] J. P. Eisenstein, L. N. Pfeiffer, and K. W. West. *Phys. Rev. B*, 50:1760, 1994.

[102] V. V. Cheianov, V. I. Falko, B. L. Altshuler, and I. L. Aleiner. *Phys. Rev. Lett.*, 99:176801, 2007.

[103] M. I. Katsnelson and K. S. Novoselov. *Solid State Comm.*, 143:3, 2007.

[104] K. Nomura and A. H. MacDonald. *Phys. Rev. Lett.*, 96:256602, 2006.

[105] K. Nomura and A. H. MacDonald. *Phys. Rev. Lett.*, 98:076602, 2007.

[106] T. Stauber, N. M. R. Peres, and F. Guinea. *Phys. Rev. B*, 76:205423, 2007.

[107] E. H. Hwang, S. Adam, and S. Das Sarma. *Phys. Rev. Lett.*, 98:186806, 2007.

[108] E. H. Hwang, S. Adam, and S. Das Sarma. *Phys. Rev. B*, 76:195421, 2007.

[109] J. Tworzydo, B. Trauzettel, M. Titov, A. Rycerz, and C. W. J. Beenakker. *Phys. Rev. Lett.*, 96:246802, 2006.

[110] W. Kim, A. Javey, O. Vermesh, Q. Wang, Y. Li, and H. Dai. *Nano Lett.*, 3:193, 2003.

[111] J. Moser, A. Verdaguer, D. Jimenez, A. Barreiro, and A. Bachtold. *Appl. Phys. Lett.*, 92:123507, 2008.

[112] O. Leenaerts, B. Partoens, and F. M. Peeters. *Phys. Rev. B*, 77:125416, 2008.

[113] O. Leenaerts, B. Partoens, and F. M. Peeters. *Appl. Phys. Lett.*, 92:243125, 2008.

[114] T. O. Wehling, K. S. Novoselov, S. V. Morozov, E. E. Vdovin, M. I. Katsnelson, A. K. Geim, and A. I. Lichtenstein. *Nano Lett.*, 8:173, 2008.

[115] J. P. Robinson, H. Schomerus, L. Oroszlány, and V. I. Falko. *Phys. Rev. Lett.*, 101:196803, 2008.

[116] A. Lherbier, X. Blase, Y. M. Niquet, F. Triozon, and S. Roche. *Phys. Rev. Lett.*, 101:036808, 2008.

[117] M. Lafkioti, B. Krauss, T. Lohmann, U. Zschieschang, H. Klauk, K. v. Klitzing, and J. H. Smet. *Nano Lett.*, 10:1149, 2010.

[118] J. S. Lee, S. Ryu, K. Yoo, I. S. Choi, W. S. Yun, and J. Kim. *J. Phys. Chem. C*, 111:12504, 2007.

[119] T. O. Wehling, A. I. Lichtenstein, and M. I. Katsnelson. *Appl. Phys. Lett.*, 93:202110, 2008.

[120] E. J. H. Lee, K. Balasubramanian, R. T. Weitz, M. Burghard, and K. Kern. *Nature Nanotech.*, 3:486, 2008.

[121] B. Krauss. mündliche Information, 2008.

[122] A. Hashimoto, K. Suenaga, A. Gloter, K. Urita, and S. Iijima. *Nature*, 430:870, 2004.

[123] B. Sanyal, O. Eriksson, U. Jansson, and H. Grennberg. *cond. mat.*, page 0905.2114, 2009.

[124] T. Beringer. mündliche Information, 2009.

[125] X. Wang, X. Li, L. Zhang, Y. Yoon, P. K. Weber, H. Wang, J. Guo, and H. Dai. *Science*, 324:768, 2009.

[126] D. S. Novikov. *Appl. Phys. Lett.*, 91:102102, 2007.

[127] D. B. Farmer, R. Golizadeh-Mojarad, V. Perebeinos, Y.-M. Lin, G. S. Tulevski, J. C. Tsang, and P. Avouris. *Nano Lett.*, 9:388, 2009.

[128] R. S. Deacon, K. C. Chuang, R. J. Nicholas, K. S. Novoselov, and A. K. Geim. *Phys. Rev. B*, 76:081406, 2007.

[129] I. L. Aleiner and K. B. Efetov. *Phys. Rev. Lett.*, 97:236801, 2006.

[130] E. McCann, K. Kechedzhi, V. I. Falko, H. Suzuura, T. Ando, and B. L. Altshuler. *Phys. Rev. Lett.*, 97:146805, 2006.

[131] M. S. Foster and I. L. Aleiner. *Phys. Rev. B*, 77:195413, 2008.

[132] A. Chuvilin, J. C. Meyer, G. Algara-Siller, and U. Kaiser. *cond. mat.*, 0905.3090, 2009.

[133] Liebmann M. RWTH Aachen, 2009.

[134] T. J. Echtermeyer, M. C. Lemme, M. Baus, B. N. Szafranek, A. K. Geim, and H. Kurz. *IEEE Electron Device Lett.*, 29:952, 2008.

[135] D. C. Elias, R. R. Nair, T. M. G. Mohiuddin, S. V. Morozov, P. Blake, M. P. Halsall, A. C. Ferrari, D. W. Boukhvalov, M. I. Katsnelson, A. K. Geim, and K. S. Novoselov. *Science*, 323:610, 2009.

[136] C. W. J. Beenakker and H. van Houten. *Solid State Phys.*, 44:182, 1991.

[137] S. Datta. *Electronic Transport in Mesoscopic Systems*. Cambridge University Press, Cambridge, 2007.

[138] E. Akkermans, P. E. Wolf, and R. Maynard. *Phys. Rev. Lett.*, 56:1471, 1986.

[139] R. P. Feynman, R. B. Leighton, and M. Sands. *Feynman Lectures on Physics*. Addison-Wesley, Menlo-Park, 1974.

[140] A. F. Morpurgo and F. Guinea. *Phys. Rev. Lett.*, 97:196804, 2006.

[141] K. K. Choi, D. C. Tsui, and S. C. Palmateer. *Phys. Rev. B*, 33:8216, 1986.

[142] H. van Houten, B. J. van Wees, G. J. Heijman, and J. P. André. *Appl. Phys. Lett.*, 49:1781, 1986.

[143] N. F. Mott. *Phil. Mag.*, 19:835, 1969.

[144] P. W. Anderson. *Phys. Rev.*, 109:1492, 1958.

[145] N. F. Mott. *Advan. Phys.*, 16:49, 1967.

[146] N. F. Mott. *Phil. Mag.*, 17:1259, 1968.

[147] M. Cutler and M. F. Mott. *Phys. Rev.*, 181:1336, 1969.

[148] L. Tapasztó, G. Dobrik, P. Nemes-Incze, G. Vertesy, P. Lambin, and L. P. Biró. *Phys. Rev. B*, 78:233407, 2008.

[149] S. Adam, S. Cho, M. S. Fuhrer, and S. Das Sarma. *Phys. Rev. Lett.*, 101:046404, 2008.

[150] K. Ziegler. *Phys. Rev. Lett.*, 97:266802, 2006.

[151] P. M. Ostrovsky, I. V. Gornyi, and A. D. Mirlin. *Phys. Rev. B*, 74:235443, 2006.
[152] D. V. Khveshchenko. *Phys. Rev. B*, 75:241406, 2007.
[153] K. Wakabayashi, Y. Takane, and M. Sigrist. *Phys. Rev. Lett*, 99:036601, 2007.
[154] A. Altland. *Phys. Rev. Lett.*, 97:236802, 2006.
[155] T. J. Echtermeyer, M. C. Lemme, M. Baus, B. N. Szafranek, A. K. Geim, and H. Kurz. *IEEE Dev. Lett.*, 29:952, 2008.
[156] A. A. Abrikosov. *Fundamentals of the Theory of Metals*. North-Holland, Amsterdam, 1988.
[157] S. M. Girvin. *The quantum Hall effect: Novel excitations and broken symmetries*. Springer, Berlin, 1999.
[158] J. R. Williams, L. DiCarlo, and C. M. Marcus. *Science*, 317:638, 2007.
[159] T. Heinzel. *Mesoscopic Electronics in Solid State Nanostructures*. Wiley-VCH, Berlin, 2006.
[160] A. G. Aronov and G. E. Pikus. *Sov. Phys. JETP*, 24:188, 1967.
[161] A. G. Aronov and G. E. Pikus. *Sov. Phys. JETP*, 24:339, 1967.
[162] E. O. Kane and E. Blount. *in Tunneling Phenomena in Solids*. Plenum, New York, 1969.
[163] M. H. Weiler, W. Zawadzki, and B. Lax. *Phys. Rev.*, 163:733, 1967.
[164] F. Sauter. *Z. Phys.*, 73:547, 1931.
[165] T. Lohmann, K. von Klitzing, and J. H. Smet. *Nano Lett.*, 9:1973, 2009.

I want morebooks!

Buy your books fast and straightforward online - at one of world's fastest growing online book stores! Environmentally sound due to Print-on-Demand technologies.

Buy your books online at
www.morebooks.shop

Kaufen Sie Ihre Bücher schnell und unkompliziert online – auf einer der am schnellsten wachsenden Buchhandelsplattformen weltweit! Dank Print-On-Demand umwelt- und ressourcenschonend produziert.

Bücher schneller online kaufen
www.morebooks.shop

KS OmniScriptum Publishing
Brivibas gatve 197
LV-1039 Riga, Latvia
Telefax: +371 686 204 55

info@omniscriptum.com
www.omniscriptum.com

Printed by Books on Demand GmbH, Norderstedt / Germany